essentials

Essentials liefern aktuelles Wissen in konzentrierter Form. Die Essenz dessen, worauf es als „State-of-the-Art" in der gegenwärtigen Fachdiskussion oder in der Praxis ankommt. *Essentials* informieren schnell, unkompliziert und verständlich

- als Einführung in ein aktuelles Thema aus Ihrem Fachgebiet
- als Einstieg in ein für Sie noch unbekanntes Themenfeld
- als Einblick, um zum Thema mitreden zu können

Die Bücher in elektronischer und gedruckter Form bringen das Fachwissen von Springerautor*innen kompakt zur Darstellung. Sie sind besonders für die Nutzung als eBook auf Tablet-PCs, eBook-Readern und Smartphones geeignet. *Essentials* sind Wissensbausteine aus den Wirtschafts-, Sozial- und Geisteswissenschaften, aus Technik und Naturwissenschaften sowie aus Medizin, Psychologie und Gesundheitsberufen. Von renommierten Autor*innen aller Springer-Verlagsmarken.

Petra Schling

Vom Glück und der Schokolade

Warum Essen Spaß machen sollte

 Springer Spektrum

Petra Schling
Biochemie-Zentrum der Universität Heidelberg
Heidelberg, Baden-Württemberg
Deutschland

ISSN 2197-6708　　　　　　ISSN 2197-6716　(electronic)
essentials
ISBN 978-3-662-71513-0　　ISBN 978-3-662-71514-7　(eBook)
https://doi.org/10.1007/978-3-662-71514-7

Die Deutsche Nationalbibliothek verzeichnet diese Publikation in der Deutschen Nationalbibliografie; detaillierte bibliografische Daten sind im Internet über https://portal.dnb.de abrufbar.

© Der/die Herausgeber bzw. der/die Autor(en), exklusiv lizenziert an Springer-Verlag GmbH, DE, ein Teil von Springer Nature 2025

Das Werk einschließlich aller seiner Teile ist urheberrechtlich geschützt. Jede Verwertung, die nicht ausdrücklich vom Urheberrechtsgesetz zugelassen ist, bedarf der vorherigen Zustimmung des Verlags. Das gilt insbesondere für Vervielfältigungen, Bearbeitungen, Übersetzungen, Mikroverfilmungen und die Einspeicherung und Verarbeitung in elektronischen Systemen.
Die Wiedergabe von allgemein beschreibenden Bezeichnungen, Marken, Unternehmensnamen etc. in diesem Werk bedeutet nicht, dass diese frei durch jede Person benutzt werden dürfen. Die Berechtigung zur Benutzung unterliegt, auch ohne gesonderten Hinweis hierzu, den Regeln des Markenrechts. Die Rechte des/der jeweiligen Zeicheninhaber*in sind zu beachten.
Der Verlag, die Autor*innen und die Herausgeber*innen gehen davon aus, dass die Angaben und Informationen in diesem Werk zum Zeitpunkt der Veröffentlichung vollständig und korrekt sind. Weder der Verlag noch die Autor*innen oder die Herausgeber*innen übernehmen, ausdrücklich oder implizit, Gewähr für den Inhalt des Werkes, etwaige Fehler oder Äußerungen. Der Verlag bleibt im Hinblick auf geografische Zuordnungen und Gebietsbezeichnungen in veröffentlichten Karten und Institutionsadressen neutral.

Springer Spektrum ist ein Imprint der eingetragenen Gesellschaft Springer-Verlag GmbH, DE und ist ein Teil von Springer Nature.
Die Anschrift der Gesellschaft ist: Heidelberger Platz 3, 14197 Berlin, Germany

Wenn Sie dieses Produkt entsorgen, geben Sie das Papier bitte zum Recycling.

Was Sie in diesem *essential* finden können

- einen naturwissenschaftlichen Blick auf das Thema Freude am Essen als evolutiv gefördertes Überlebensprinzip
- ein molekulares Verständnis von Glücksempfindungen und einfachen neuronalen Netzwerken
- periphere Signale, die unser Essverhalten und das Glücksempfinden steuern
- Faktencheck zu den Inhaltsstoffen der Schokolade und deren Bedeutung
- Erklärungsansätze für Krankheiten, die ihre Ursache im Glücksempfinden haben und sich nicht selten (auch) als Essstörungen manifestieren

Vorwort

Als Dozentin für Biochemie habe ich regelmäßig die Freude, komplexe Zusammenhänge voller Molekülstrukturen und chemischer Reaktionen im Unterricht greifbar zu machen. Dieses essential entstammt einer solchen Unterrichtseinheit.

Außerdem liebe ich Schokolade.

Die Fakten hinter der Geschichte stammen aus unzähligen Forschungslaboren und wurden in wissenschaftlichen Original-Arbeiten publiziert. Ich selbst habe diese Fakten nur zusammengetragen. Wer sich für die Originaldaten interessiert, sei auf die hier und in den genannten Übersichtsarbeiten zitierten Artikel verwiesen.

Studierende der Naturwissenschaften und auch alle anderen, die sich dafür interessieren, können mit diesem essential einen hoffentlich spannenden Eindruck bekommen, wie sich Glücksempfindungen über die Zeit in der Evolution entwickelt haben und was Essen für unser Glücksempfinden bedeutet. Glück entsteht natürlich nicht nur aus Essen heraus, und auch andere Nahrungsmittel als Schokolade können glücklich machen. Es sind nur Beispiele, um einen komplexen Zusammenhang zu verdeutlichen.

Petra Schling

Inhaltsverzeichnis

1	**Einleitung**		1
2	**Glück aus Sicht der Neurowissenschaften**		3
	2.1	Glück im Gehirn	3
	2.2	Die zwei Sorten Glück und „ihre" Moleküle	7
		2.2.1 Evolution des Glücks	8
		2.2.2 Die Dopamin-Schleife als Repräsentation der Vorfreude	10
		2.2.3 Wie kann Dopamin gleichzeitig motivieren und belohnen? Und warum Dopamin-Ausschüttung auch bei unangenehmen Reizen?	12
		2.2.4 Umklappen des Dopamin-Schalters	16
		2.2.5 Serotonin und seine Rezeptoren	18
3	**Essen und Glück**		23
	3.1	Periphere und zentrale Signale für die Regulation der Nahrungsaufnahme: Hormone, Neurotransmitter und wie die Abnehmspritze funktioniert	23
	3.2	Homöostatisches und hedonisches Essen – warum es gerne ein bisschen mehr sein kann	25
	3.3	Warum wir nach Süßem und Fettigem verlangen, beides aber auch Zufriedenheit ermöglicht	28
		3.3.1 Die „Sucht" nach Energie-reichem Essen	28
		3.3.2 Wie Aminosäuren als Vorstufen von Aminen bis zu unseren Neuronen im Gehirn gelangen	30
		3.3.2.1 Aufnahme von Aminosäuren in das Gehirn	32
		3.3.2.2 Aufnahme von Aminosäuren in den Skelettmuskel	33

			3.3.2.3	Wie Zucker dabei hilft, Tryptophan den Weg über die Blut-Hirn-Schranke zu erleichtern	33

	3.4	Schokolade: was ist dran, was ist drin?			35
		3.4.1	Wie wird aus Kakaobohnen Schokolade?		36
			3.4.1.1	Rohe Kakaobohnen	36
			3.4.1.2	Fermentation und Trocknung der Bohnen	36
			3.4.1.3	Röstung der Bohnen	37
			3.4.1.4	Kakaomasse, Kakaopulver, Kakaobutter und Schokolade	37
		3.4.2	Wie also macht Schokolade glücklich?		38
			3.4.2.1	Anandamid	38
			3.4.2.2	Serotonin	38
			3.4.2.3	Tryptophan	39
			3.4.2.4	Zucker für mehr Serotonin im Gehirn	39
			3.4.2.5	Genuss von Fett und Zucker	39
		3.4.3	Ist Schokolade gesund?		40

4 Essstörungen und Probleme mit dem Glücksempfinden 41
   4.1 Adipositas 42
   4.2 Bewusstes Essen 43
   4.3 Anorexia nervosa 44
   4.4 Depression 45
   4.5 Sucht 46
   4.6 Was ist wichtiger: psychische Gesundheit oder das perfekte Körpergewicht? 46

Was Sie aus diesem *essential* mitnehmen können 49

Literatur 51

Über die Autorin

Petra Schling, Dr. rer. nat. Biochemie-Zentrum der Universität Heidelberg
 Im Neuenheimer Feld 328, 69120 Heidelberg
 petra.schling@bzh.uni-heidelberg.de
 https://www.bzh.uni-heidelberg.de/

Einleitung 1

Es ist köstlich, belebend und supergut für dich. Kakao wurde bewertet als das beste Superfood mit den höchsten Leveln an Antioxidantien das es gibt. Es enthält auch hohe Konzentrationen an Anandamid (die Glückseligkeit-Chemikalie/der Neurotransmitter aus Gras). Daher kommt die süchtig-machende Wirkung, und ich würde argumentieren, dass eine gewisse Euphorie gut ist für Dich und die um Dich herum. Roher Kakao ist außerdem voller Flavonole, die die Blutzirkulation steigern und die Hirnleistung stimulieren. ... Irgendwann fand ich es sogar befriedigender als Schokolade selbst – daraus kannst du ablesen, wie gut es ist;)
Zitat von Kazemaru [26] (übersetzt von der Autorin)

Kakao und Schokolade – lecker und gesund? Ein Suchtmittel ohne Reue? Ersatz für Cannabis, der ohne Abstandsregel sogar von Kindern im Kindergarten konsumiert werden darf? Nein, wohl eher nicht.

Dieses *essential* bietet eine molekulare Erklärung für die grundlegende biologische Tatsache, dass Essen glücklich macht – oder zumindest glücklich machen sollte. Die Aussicht auf Nahrung spornt an und der anschließende Konsum befriedigt. Nahrungsaufnahme ist überlebenswichtig – daher belohnt die Evolution Essen mit Glücksempfindungen. Wie das funktioniert? Das illustriert dieses Buch anhand der zwei wichtigsten Glücksempfindungen im Gehirn, der Vorfreude und der Zufriedenheit. Am Beispiel des Neurotransmitters Dopamin wird ein molekularer und zellulärer Schalter vorgestellt, mit dessen Hilfe Vorfreude an- und ausgeschaltet wird. Außerdem wird die sättigende und Angst-lösende Wirkung von Serotonin beschrieben. Und was hat die Schokolade damit zu tun? Schokolade dient hier als Beispiel, um die enge Beziehung zwischen Nahrungsaufnahme und Glücksgefühlen Molekül für Molekül nachzuzeichnen. Schokolade hat alles, was glücklich macht – aber natürlich gibt es auch Alternativen. Wen möchte das Buch ansprechen? Die molekularen Details sind sicher vor allem für

© Der/die Autor(en), exklusiv lizenziert an Springer-Verlag GmbH, DE, ein Teil von Springer Nature 2025
P. Schling, *Vom Glück und der Schokolade,* essentials,
https://doi.org/10.1007/978-3-662-71514-7_1

Studierende der Lebenswissenschaften interessant, während interessierte Laien einen tieferen Einblick in unsere innersten Triebe erhalten. Der oft sehr emotional geführte Diskurs um Ernährung betrifft alle, denn Essen wird in den reichen menschlichen Gesellschaften immer mehr als psychische Schwäche angesehen. Dies widerspricht den grundlegenden biologischen Prinzipien und führt nicht selten zu inneren Konflikten, die mit Störungen im Essverhalten und Glücksempfinden einhergehen.

Glück aus Sicht der Neurowissenschaften

Glücksempfindungen werden aus evolutiver Sicht als Anreiz- und Belohnungssystem definiert, mit dem Verhaltensweisen gefördert werden, die für das Überleben des Individuums und der Art essenziell sind. Aus biologischer Sicht gibt es nur zwei Verhaltensweisen, die in diesem Sinne absolut essenziell sind: Nahrungsaufnahme (Essen/Trinken) und Fortpflanzung [29]. Ersteres sorgt für das Überleben des Individuums und gibt diesem genug Kraft, um Nachkommen zu zeugen, auf die Welt zu bringen und ihnen einen guten Start ins Leben zu ermöglichen. Alles andere, was uns glücklich macht, dient mittelbar diesen beiden Hauptzielen. Würden wir antriebslos den ganzen Tag vor eine Wand starren, könnten wir keine Nahrung finden und schon gar keinen Sexualpartner.

Wenn wir Glück empfinden, wird uns etwas bewusst, was auf unbewussten Vorgängen im Gehirn basiert. Unser Bewusstsein macht diese Vorgänge „aussprechbar". Wenn jemand sagt, er oder sie ist glücklich oder zufrieden, dann sind die ursprünglichen unbewussten Vorgänge dieser komplexen Empfindungen an anatomischen Strukturen im zentralen Nervensystem verortet, die evolutiv bereits sehr früh entstanden sind. Noch älter sind die Moleküle, die uns als Botenstoffe antreiben und belohnen: Dopamin und Serotonin.

2.1 Glück im Gehirn

Wie gut, dass Freude, Glücksgefühle und Zufriedenheit keine bewusste Anstrengung benötigen. Sie haben Ihren Ursprung, also ihre Kerngebiete, im Hirnstamm. Axone aus diesen Regionen verteilen sodann die Information an das Zwischenhirn und auch bestimmte Großhirn-Areale. Die Darstellung der mit Glücksgefühlen betrauten Hirnbereiche und deren Verknüpfungen ist nur ein kleiner Ausschnitt der wahren Gegebenheiten, deren Komplexität dieses essential sprengen würde. Die hier genannten Bereiche sind die Mitspieler in einem Stück, das einen kleinen Ausschnitt der realen Welt ins Scheinwerferlicht rückt.

Blick in unser Gehirn
Über 80 Mrd. Neurone kommunizieren in einem Menschen gleichzeitig miteinander, während sie Informationen von außerhalb und innerhalb des Körpers in ihre Aktivitäten mit einfließen lassen. Neurone sind für die schnelle und gerichtete Weitergabe von Informationen über größere Distanzen optimiert. Sie haben einen Zellkörper, das „Soma", von dem mehrere Äste, sogenannte „Dendriten" ausgehen. Diese Dendriten bekommen Informationen, leiten sie an das Soma weiter und hier wird dann entschieden, ob und wie die Information weitergegeben wird. Diese Weitergabe geschieht über einen sehr langen Fortsatz, das „Axon". Axone können wenige Millimeter bis zu einem Meter lang sein. Während die Information innerhalb eines Neurons elektrisch weitergeleitet wird, geschieht die Weitergabe an das nächste Neuron an einer Synapse chemisch mithilfe von Botenstoffen (siehe Abb. 2.1). Die Somata und Dendriten von Neuronen liegen oft in funktionellen Gruppen zusammen, die dann als „Kerngebiet" oder auch „Nucleus" bezeichnet werden. Diese Organisation erlaubt es den Neuronen, sich untereinander lokal abzusprechen. Botenstoffe werden also nicht nur an der entfernten Synapse, sondern auch somatodendritisch, also innerhalb des Kerngebiets ausgeschüttet und registriert. Axone werden oft zu gut isolierten Strängen gebündelt, den Nerven. Da die Isolation mit Fett geschieht, erscheinen diese Bereiche eher weiß. Die Kerngebiete sind die Kommunikationszentren. Hier wird kaum isoliert und die Bereiche erscheinen eher grau. Evolutiv frühe Nervensysteme waren einfache Netze aus Neuronen, wie sie heute noch in Nesseltieren vorkommen. Eine Weiterentwicklung war die Bündelung der Axone zu Strängen und ersten Schaltzentralen, den

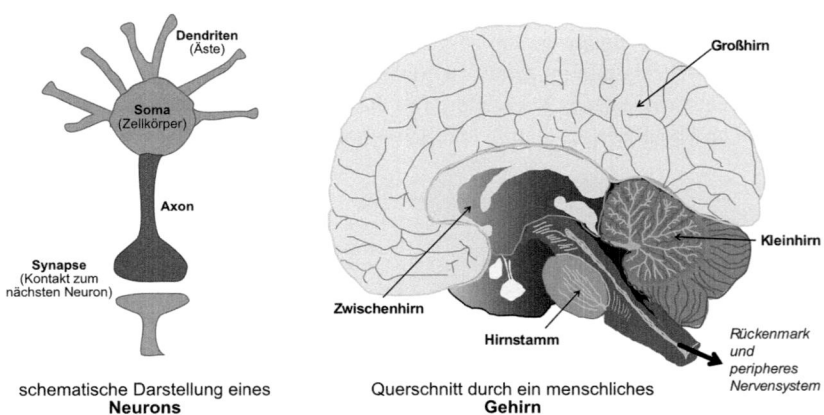

Abb. 2.1 Schematische Darstellung eine Neurons und eines Sagittalschnitts durch das menschliche Gehirn. (Quelle: Eigene Abbildung)

2.1 Glück im Gehirn

Ganglien. Unser Gehirn entwickelte sich aus einem besonders aufwendigen Ganglion am Kopfende unseres Rückenmarks.

Der ursprünglichste Teil ist der Hirnstamm, der nahtlos aus dem Rückenmark hervorgeht. Hier werden die lebenswichtigsten Funktionen gesteuert, wie z. B. die Atmung. Im Nacken, also auf der Rückenseite des Hirnstamms, sitzt das Kleinhirn. Es ist vor allem für Bewegungsabläufe zuständig und wird uns in diesem essential nur wenig interessieren. Direkt über dem Hirnstamm und mitten im Kopf sitzt das Zwischenhirn und darüber, bzw. darum herum gefaltet, unser Großhirn (siehe Abb. 2.1). Auch das Großhirn besteht aus grauer und weißer Substanz, also aus stark verknüpften Bereichen und Axonbündeln. Die graue Substanz liegt außen und bildet die Großhirnrinde, die weiße Substanz liegt innen und bildet das Mark. In der Tiefe des Marks befinden sich jedoch weitere Kerngebiete, die grauen Basalganglien. Zwischenhirn und Großhirn haben sehr vielfältige Funktionen, vor allem werden hier Sinneseindrücke und Informationen aus dem Rest des Körpers verrechnet, bewertet und in Handlungsanweisungen, Gefühle und Erinnerungen umgemünzt. Der weit überwiegende Anteil all dieser „Denkarbeit" ist uns nicht bewusst.

Am Glücksempfinden sind viele Bereiche im Gehirn beteiligt [27]. Sie liegen im Hirnstamm, im Zwischen- und im Großhirn (siehe Abb. 2.2).

Im Hirnstamm befinden sich zwei Kernbereiche, die das Glücksempfinden maßgeblich mitbestimmen: Die dorsalen Raphé-Kerne, deren Neurone vor allem den Botenstoff Serotonin verwenden, und das ventrale Tegmentum, dessen

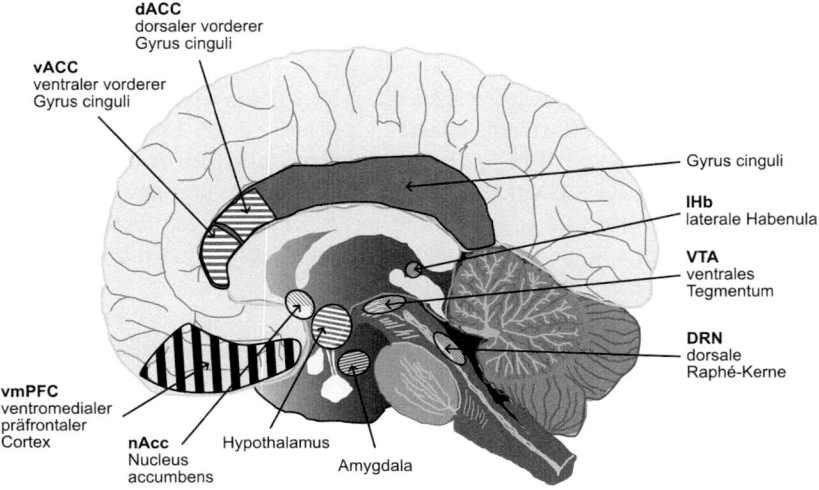

Abb. 2.2 Lage einiger wichtiger Hirnbereiche in Zusammenhang mit Glücksempfindungen. (Quelle: Eigene Abbildung)

Neurone mit Dopamin als Botenstoff arbeiten. Wir werden in Abschn. 2.2 sehen, dass das ventrale Tegmentum vor allem für die Vorfreude und die dorsalen Raphé Kerne für die Zufriedenheit zuständig sind. Dorsal bedeutet im anatomischen Sprachgebrauch „zum Rücken hin gelegen" und Raphé ist ein Begriff für „Naht/Grenzfläche" – die dorsalen Raphé-Kerne liegen also dem Rücken zugewandt an der Nahtstelle zwischen den beiden Hirnhälften im Rückenmark. Ventral bedeutet dagegen „zum Bauch hin gelegen" und Tegmentum ist lateinisch für „Deckel" – das ventrale Tegmentum ist also der bauchseitige Deckel des Hirnstamms. Darüber liegt zum Beispiel noch die Substantia nigra, die Dopamin für Bewegungsabläufe bereitstellt und bei Parkinson geschwächt ist.

Im Zwischenhirn und an der Basis des Großhirns befinden sich der Nucleus accumbens, der Hypothalamus, die Amygdala und die laterale Habenula. Ihre Rolle beim Glücksempfinden kann wie folgt zusammengefasst werden:

Der Nucleus accumbens: „Was immer du da gerade getan hast: Das ist wunderbar gewesen! Sofort noch einmal bitte!" hat als Gegenspieler die laterale Habenula: „Boah – das war aber eine Enttäuschung! Das solltest Du echt nicht noch einmal tun."

Während die Amygdala vor allem für ihre sehr schnelle Bewertung von Sinneseindrücken in „o.k." oder „GEFAHR!!!" bekannt ist. Die Amygdala warnt uns vor potenziellen Gefahren lang bevor uns bewusst wurde, dass wir etwas gesehen, gerochen oder gehört haben.

> **Fieser Katzenstreich**
>
> Kennen Sie die unsäglichen Katzenvideos, bei denen eine Schlangengurke hinter eine Katze gelegt wird, während sie – meist durch Essen – abgelenkt ist? Sobald die Katze vom Essen aufschaut, missinterpretiert die Amygdala der Katze den neuen, länglichen Gegenstand auf dem Boden unweigerlich als Schlange und alarmiert andere Hirnbereiche der Katze. Sie erschrickt sich, macht einen Sprung in die Luft und ergreift die Flucht – noch bevor sie die Situation als Ganzes wahrgenommen hat. ◄

Der Hypothalamus ist ein großes Areal, das viele einzelne Kerngebiete enthält. Seine Funktion kann vereinfachend als Homöostat bezeichnet werden: Er integriert die Signale der Sensoren überall im Körper und erhält unseren Status quo, z. B. unsere Körpertemperatur und unsere Energiespeicher. Er ist insofern relevant für unser Essverhalten.

Im Cortex unseres Großhirns, also dem Rindengebiet bzw. der grauen Substanz, sind vor allem drei Gebiete zu nennen: Der ventrale vordere Gyrus cinguli, der dorsale vordere Gyrus cinguli und der ventromediale präfrontale Cortex (siehe Abb. 2.2).

Der ventrale vordere Gyrus cinguli ist das Gebiet, das aktiv wird, wenn etwas Anstrengendes abgeschlossen wurde, zum Beispiel das Lösen einer Knobelaufgabe. Gefragt würden wir das Gefühl in etwa so beschreiben: „Du hast es erreicht! Lehn dich zurück, genieß es und entspann Dich mal!" Ganz anders der dorsale vordere Gyrus cinguli. Wenn dieser Bereich des Cortex aktiv wird, dann stimmt etwas nicht. Er detektiert und warnt uns vor widersprüchlichen Informationen.

Der dorsale vordere Gyrus cinguli und die Lichtung im Wald

Stellen Sie sich vor, Sie sind ein hungriges Reh und vor Ihnen öffnet sich eine Lichtung im Wald voller saftiger Kräuter und einem Holzgestell mit noch mehr Futter. Sie hören und riechen noch viele weitere Rehe im nahen Wald, aber keines davon scheint sich auf diese Lichtung zu wagen. Am Rand der Lichtung steht noch ein Holzkasten auf Stangen.

In dieser Situation kann ein aktiver dorsaler vorderer Gyrus cinguli dem Reh das Leben retten. Aber auch wir geraten in Situationen, in denen die Informationen nicht zusammenpassen wollen: Sie bekommen Werbung für ein Finanzprodukt mit unglaublich hohen Zinsen. Besser, Sie lesen das Kleingedruckte, bevor Sie unterschreiben! ◀

Der ventromediale präfrontale Cortex, Teil des Frontallappens unseres Gehirns, kommt als Moderator ins Spiel. Er kann helfen, die Warnmeldungen der Amygdala ins rechte Licht zu rücken. Wenn z. B. unsere Katze Gurken bereits als harmlose, wenn auch leider unessbare Erscheinung der menschlichen Küche kennengelernt hatte, und auch sonst ein gutes und angstfreies Leben führen darf, dann wird der ventromediale präfrontale Cortex bei dem Gurkenexperiment moderierend eingreifen und die Schreckreaktion wegen der vermeintlichen Schlange abmildern.

2.2 Die zwei Sorten Glück und „ihre" Moleküle

Glücksempfindungen sind vielschichtig und individuell durchaus unterschiedlich ausgeprägt. Im Folgenden sollen zwei Stereotype betrachtet werden: Vorfreude und Zufriedenheit. Vorfreude ist die Erwartung, dass etwas passieren wird, das uns erstrebenswert erscheint. Diese Empfindung kennen auch wir Menschen – es hält uns nichts mehr auf dem Stuhl. Zufriedenheit dagegen ist fast das Gegenteil: Wir haben keine Erwartungen, sind komplett entspannt und im positiven Sinne unmotiviert.

> **Die Freude eines Hundes**
>
> Viele Hunde z. B. gehen sehr gerne mit ihren Begleitern „Gassi" – nicht nur, um ihre Blase zu entleeren, sondern vor allem auch, um mit anderen Hunden zu kommunizieren, potenzielle Geschlechtspartner zu finden oder auch die nächste Mahlzeit zu jagen. Stellen Sie sich also folgende Situation vor: Ein Hund liegt dösend auf seiner Matte, da kommt sein Herrchen vorbei, angezogen für die Außenwelt und mit der Hundeleine in der Hand. Wenn jetzt auch noch aufmunternd klingende Laute aus seinem Mund ertönen, dann ist der Hund nicht mehr zu halten. Die Vorfreude auf den Spaziergang entlädt sich oft in wildem Springen, Bellen und Schwanzwedeln.
>
> Hunde kennen jedoch auch Zufriedenheit: nach einem ausgiebigen Spaziergang und einem vollen Napf auf dem Sofa liegen und sich kraulen lassen – was könnte es Besseres geben? ◂

2.2.1 Evolution des Glücks

Begonnen hat die Evolution des Glücks mit den beiden Molekülen Serotonin und Dopamin. Beide kommen bereits in Einzellern vor, zusammen mit je einem passenden Rezeptor [9]. Es gab also bereits „Neurotransmittern" vor der Entwicklung eines Nervensystems [5]. Verschiedene Rezeptor-Typen für ein und dasselbe Amin finden sich bereits auf allen Weichtieren und Gliederfüßern und diese haben sich nochmal vor 400 Mio. Jahren diversifiziert, als das Nervensystem sich „cephalisierte", also sich am Kopfende des Tieres konzentrierte, und die Entwicklung eines Gehirns begann.

Dopamin und Serotonin entstehen jeweils aus den aromatischen Aminosäuren Tyrosin und Tryptophan (siehe Abb. 2.3). Der Stoffwechselweg zur Synthese von aromatischen Aminosäuren ist ausschließlich in Mikroorganismen lokalisiert und in den aus Mikroorganismen nach Endosymbiose entstandenen Chloroplasten der Pflanzen. Die besonderen Merkmale dieser Aminosäuren, die aromatischen Ringe, wurden vermutlich schon sehr früh in der Evolution zum Schutz vor und dann auch zur Nutzung von Sonnenlicht als Energiequelle genutzt. Tiere müssen Tyrosin und Tryptophan als Bestandteile von Proteinen mit der Nahrung aufnehmen. Einzeller, Pflanzen und Tiere können sodann die aromatischen Ringe der

2.2 Die zwei Sorten Glück und „ihre" Moleküle

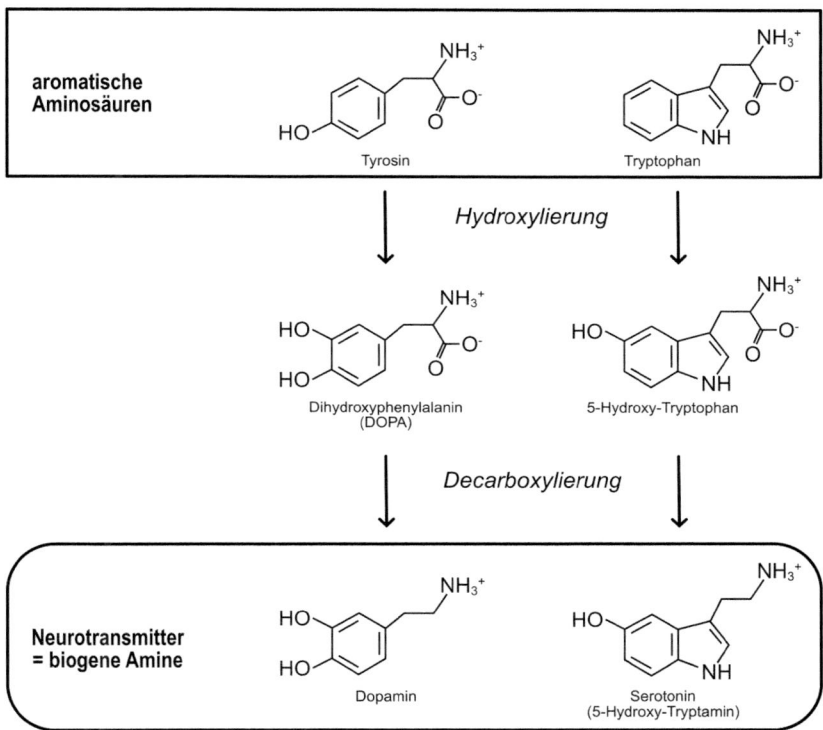

Abb. 2.3 Synthese von Dopamin und Serotonin aus Aminosäuren. (Quelle: Eigene Abbildung)

Aminosäuren hydroxylieren – also Sauerstoff einbauen – und anschließend die Aminosäure zum biogenen Amin decarboxylieren. Dabei wird die Säuregruppe als CO_2 abgespalten.

Für die Synthese der biogenen Amine aus den Aminosäuren wird dementsprechend Sauerstoff benötigt – vermutlich beginnt die Evolution von Serotonin und Dopamin daher mit der Synthese von Sauerstoff in den ersten photosynthetischen Einzellern [13]. Es ist daher nicht verwunderlich, dass Pflanzen bis heute mit biogenen Aminen als Botenstoffen arbeiten. Die Funktion als Botenstoffe in Tieren begann für Dopamin, Serotonin und andere biogene Amine vermutlich vor über 700 Mio. Jahren in den allerersten vielzelligen Tieren durch die

Symbiose mit Mikroorganismen. Vielzeller hatten um diese Zeit vermutlich bereits unterschiedliche Zellen, darunter auch sensorische Zellen, die die von den Symbionten produzierten Amine registrieren konnten [60]. Selbst produziert und als Botenstoffe im eigenen Körper verwendet wurden Serotonin und Dopamin ab den Bilateria – also den ersten Tieren mit Längsachse und einen „Vorne" und einem „Hinten" vor ca. 650 Mio. Jahren [17].

Serotonerge Neurone entwickelten sich vor allem aus sensorischen Neuronen früher Tiere. Es gibt sie im enterischen Nervensystem, also im Darm, wo sie die Motorik der Darmperistaltik kontrollieren, und im zentralen Nervensystem. Die von Serotonin dort regulierten sozialen und geistigen Fähigkeiten nehmen in Anzahl und Komplexität bei Wirbeltieren zu [5].

> Vorfreude im heutigen Gehirn eines Wirbeltiers wird ausgelöst durch die Aktivierung der dopaminergen Neurone im ventralen Tegmentum – und führt damit zur Ausschüttung des Botenstoffs Dopamin. Zufriedenheit resultiert aus der Aktivierung der Raphé-Kerne und wird vom ausgeschütteten Serotonin vermittelt.

2.2.2 Die Dopamin-Schleife als Repräsentation der Vorfreude

Um aus einem Neuron und seinem Botenstoff eine Empfindung werden zu lassen, muss das Neuron mit anderen Neuronen verknüpft sein. Ein Beispiel ist die Dopamin-Schleife, über die, wie über eine Art neuronaler Schalter, Vorfreude und damit Motivation ein- und ausgeschaltet werden kann [45].

Die dopaminergen Neurone, deren Somata im ventralen Tegmentum liegen, senden ihre langen Axone bis in den im Zwischenhirn gelegenen Nucleus accumbens aus (siehe Abb. 2.4). Dort treffen die dopaminergen Axone auf Dendriten und Somata von Zellen, die γ-Aminobutyrat (GABA) als Botenstoff verwenden. GABA ist ein inhibitorischer Botenstoff, also einer, der auf das folgende Neuron ausnahmslos hemmend wirkt. Um zu verstehen, wie die Ausschüttung von Dopamin die GABAergen Neurone beeinflusst, sehen wir uns die Rezeptoren an, die auf den GABAergen Neuronen das Dopamin binden und dessen Signal weitergeben [3]. Eine Population an GABAergen Neuronen des Nucleus accumbens trägt vorrangig sogenannte D1-Rezeptoren, also Dopamin-Rezeptoren vom Typ 1. Diese Rezeptoren koppeln im Inneren der Zellen an ein sogenanntes stimulatorisches G-Protein. Die weitere Signaltransduktion ist komplex, führt aber letztlich

2.2 Die zwei Sorten Glück und „ihre" Moleküle

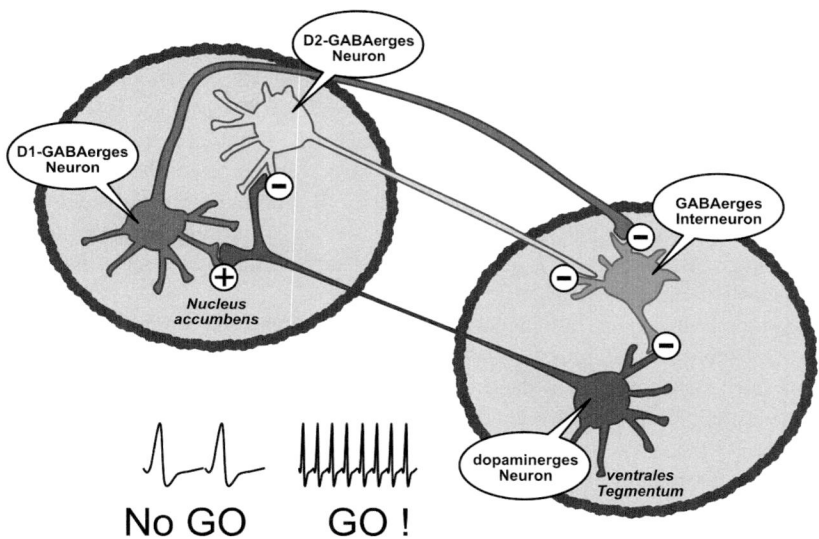

Abb. 2.4 Dopamin-Schleife als Motivationsschalter zwischen ventralem Tegmentum und Nucleus accumbens. (Quelle: Eigene Abbildung)

zu dem Ergebnis, das dem G-Protein seinen Namen gab: sie stimuliert das D1-Neuron. D1-Rezeptoren haben eine niedrige Affinität für Dopamin. Sie binden und reagieren auf Dopamin also erst, wenn schon sehr viele Moleküle um den Rezeptor drängen. Eine andere Population an GABAergen Neuronen des Nucleus accumbens trägt vorrangig sogenannte D2-Rezeptoren, also Dopamin-Rezeptoren vom Typ 2. Diese Rezeptoren koppeln im Inneren der Zellen an ein sogenanntes inhibitorisches G-Protein, welches das D2-Neuron hemmt. D2-Rezeptoren haben eine hohe Affinität für Dopamin. Sie binden und reagieren auf Dopamin also auch schon, wenn nur wenige Moleküle in der Nähe vorhanden sind.

Nun benötigen wir noch einen weiteren Neuronen-Typ, um unseren Dopamin-/Vorfreude-Schalter zu bauen: ein sogenanntes „Interneuron". Diese Neuronen liegen komplett, Soma, Dendriten und Axon, in einem einzigen Kerngebiet. Interneurone sind in aller Regel GABAerg.

Auch im Ruhezustand sendet ein Neuron alle 1–2 s ein Aktionspotenzial über sein Axon aus. Sind dopaminerge Neurone im ventralen Tegmentum also nicht sonderlich erregt, so ist die Aktionspotenzialfrequenz ca. 1 Hz oder etwas weniger. Dabei entstehen in eben diesem Rhythmus kleine Wolken an Dopamin an den Enden des Axons im Nucleus accumbens. Diese geringen Konzentrationen an Dopamin werden nur von den GABAergen Neuronen mit D2-Rezeptoren registriert. Da D2-Dopamin-Rezeptoren jedoch ein negatives Signal in die entsprechende postsynaptische Zelle aussenden, wird das D2-GABAerge Neuron in seiner eigenen Aktionspotenzial-Frequenz gedämpft. Dadurch wird das GABAerge Interneuron im ventralen Tegmentum also weniger gehemmt und hemmt seinerseits das Dopaminerge Neuron stärker. Man könnte sagen: Minus mal Minus mal Minus bleibt Minus – es handelt sich also um eine negative Rückkopplungsschleife: Wenn die dopaminergen Neurone mal nicht erregt sind, dann hängen sie in diesem Modus fest.

Sollten aber genug Dopaminerge Neurone zu hochfrequentem „feuern" von Aktionspotenzialen stimuliert werden, also Aktionspotenziale von mindestens 20 Herz oder mehr aussenden, dann wird so viel Dopamin im Nucleus accumbens ausgeschüttet, dass die GABAergen Neurone mit den D1-Rezeptoren dies registrieren. D1-Dopamin-Rezeptoren sind an stimulierende Signalketten gekoppelt – die postsynaptischen Neurone werden also aktiviert und „feuern" ihrerseits hochfrequente Aktionspotenziale. Das führt zur Ausschüttung von viel GABA im ventralen Tegmentum im Bereich der Synapsen mit den GABAergen Interneuronen. Diese werden also gehemmt und hemmen ihrerseits nicht mehr das dopaminerge Neuron. Plus mal Minus mal Minus macht Plus: Einmal an – immer an. So haben wir einen molekular-zellulären Schalter, der in zwei Positionen einrasten kann: einer „No-GO"-Stellung, in der die negative Feedback-Schleife die Aktivitäten von ventralem Tegmentum und Nucleus accumbens im Standby hält, und eine „GO!"-Stellung, in der eine positive Rückkopplung die erhöhte Aktivität der beiden Kerngebiete aufrechterhält.

2.2.3 Wie kann Dopamin gleichzeitig motivieren und belohnen? Und warum Dopamin-Ausschüttung auch bei unangenehmen Reizen?

Während serotonerge Neurone ihren evolutiven Ursprung im Darm haben und von jeher der Nahrungsaufnahme und Verdauung dienten, sind dopaminerge Neurone vermutlich vorrangig für die Regulation der Fortbewegung entstanden [53]. Akute Bewegung war in komplexeren Organismen vermutlich vor allem nötig, um vor schädlichen Einflüssen zu fliehen. Während es tödlich sein kann, vor einer Gefahr nicht zu fliehen, sind die Auswirkungen nicht so harsch, wenn man eine Belohnung verpasst. Daher ist es wahrscheinlich, dass das Dopamin-Signal in der Evolution primär also aversiv war. Wie sich aus diesen ersten

Schritten in der Evolution eine echte Belohnungsschleife mit Schalter und Nucleus accumbens entwickelt hat, ist noch Teil der aktiven Forschung. Es gibt jedoch einige Hinweise darauf, dass dieses von GABAergen Einflüssen moderierte dopaminerge Signal tatsächlich der Startschuss für die Evolution mentaler Leistungen wie Erkenntnis und Intelligenz war. Während Serotonin und auch Noradrenalin breitgefächert in allen Regionen des Großhirns ausgeschüttet werden und dort moderierend eingreifen, sind die Axone der dopaminergen Neurone aus dem ventralen Tegmentum auf den temporalen und präfrontalen Cortex beschränkt. In der Evolution korreliert die Ausweitung dieser cortikalen dopaminergen Innervation mit der Entwicklung kognitiver Fähigkeiten. Dieser Prozess lässt sich auch während der Entwicklung eines Individuums (Ontogenese) verfolgen: Dopamin führt im präfrontalen Cortex zu einer Verlangsamung der Fixierung endgültiger Verschaltungen. Diese Hirnregion verbleibt am allerlängsten flexibel, also in einer juvenilen Form, auch noch bei jungen Erwachsenen. Damit bleibt das Zeitfenster, in dem sich ein Individuum flexibel mit seiner Umwelt auseinandersetzen und dazu nötige Problemlösungen erarbeiten kann, möglichst lange geöffnet [61].

Das Rätsel der Attraktion pflanzlicher Neurotoxine
In ihrem Kampf mit Tieren, die sie essen wollen, haben viele Pflanzen Chemikalien entwickelt, die bitter schmecken und giftig sind für ihre Fressfeinde. Viele von diesen Toxinen sind Neurotoxine, zielen also darauf ab, spezifische Funktionen im Nervensystem der Pflanzenfresser zu stören. Beispiele sind Nikotin, Kokain und Koffein – alle bitter und giftig. Das merkwürdige an diesen Chemikalien ist, dass beim Menschen und anderen Tieren – darunter andere Primaten, aber auch Nagetiere, Flusskrebse und Bienen – diese Neurotoxine belohnend wirken und dass diese Tiere solche Toxine freiwillig und gerne konsumieren.
  Eine Hypothese, aufgestellt von Ting-A-Kee et al. [53], besagt, dass unsere Vorfahren ursprünglich den bitteren Geschmack und die neurotoxische Wirkung durchaus ausschließlich als unangenehm empfanden. In dieser frühen Phase der Evolution von Pflanzenfressern war das Dopamin-Signal rein aversiv. Es hat eine Art Alarm-Zustand im Gehirn ausgelöst und akut zum Ausspucken der vergifteten Nahrung geführt. Längerfristig haben diese Tiere gelernt, Pflanzen mit Neurotoxinen zu meiden. Also war auch damals die Aktivierung dopaminerger Neurone bereits motivierend, nur halt nicht im positiven Sinn: wir wurden motiviert, etwas **nicht** zu tun und wegzulaufen. Diese Reaktion war instinktiv und schnell – dem Rest des Gehirns wurde keine Zeit zum Überlegen gelassen (siehe Abb. 2.5).
  Für die Pflanzen war diese Abwehrstrategie sehr erfolgreich und immer mehr Pflanzen wurden giftig. Schlimmer noch: Pflanzen entwickelten schnell Möglichkeiten, ihre Giftigkeit an das Maß der Bedrohung durch Fressfeinde anzupassen. Gerade die wichtigsten Nahrungspflanzen bzw. ihre nahrhaftesten Teile wurden also auch die giftigsten. Höchste Zeit für die Pflanzenfresser, sich anzupassen. Evolution beruht auf zufälligen Mutationen, aber sie ist dennoch gerichtet, da nur die Lebewesen überleben und Nachkommen zeugen, deren Mutationen einen Vorteil in der aktuellen Lebensrealität bieten. Die Hypothese von

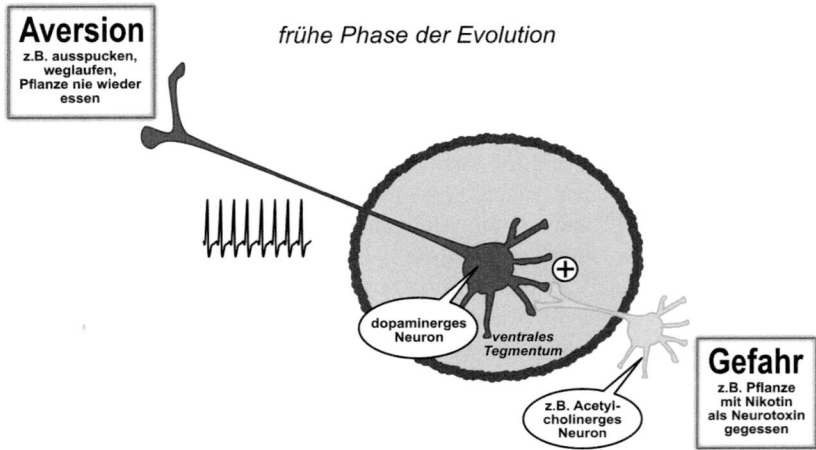

Abb. 2.5 Dopamin in der frühen Evolution. (Quelle: Eigene Abbildung)

Ting-A-Kee et al. besagt, dass hier nun die hemmenden, GABAergen Neurone ins Spiel kamen (siehe Abb. 2.6). Indem sie das aversive Signal des dopaminergen Neurons unterdrücken, erlauben sie Tieren in Zeiten extremer Not, giftige Pflanzen zu essen. Die Hypothese sagt also nicht, dass es vorteilhaft ist, Gifte zu konsumieren (ist es nicht und wird es vermutlich nie sein), sondern dass die Dämpfung der Reaktion auf das toxische Signal die Möglichkeit eröffnet, zwischen zwei schlechten Optionen zu wählen: verhungern oder Nahrung mit Gift konsumieren. Diese Abwägung selbst findet in „höheren" Hirnregionen statt und braucht Zeit. Die GABAergen Neurone, die umso aktiver werden, je aussichtsloser die Situation erscheint, öffnen ein Zeitfenster für eben diese Entscheidungen [53].

Um eine Belohnung zu erhalten, müssen wir zuerst bemerken, dass sich eine Gelegenheit dafür eröffnet hat. Dieses „Bemerken" läuft über unsere Sinne und ist schnell: innerhalb einer viertel Sekunde wird Dopamin im Nucleus accumbens ausgeschüttet und erregt so die Aufmerksamkeit anderer Hirnbereiche [47]. Dieser erste Dopamin-Ausstoß hängt davon ab, wie stark der Stimulus ist, aber auch davon, in welchem Kontext der Stimulus präsentiert wird. Um in der Analogie von Abb. 2.7 zu bleiben: Ein brauner Klumpen auf einem Teller auf einem festlich gedeckten Tisch wird vermutlich zu mehr Dopamin-Ausschüttung führen als derselbe braune Klumpen auf dem Gehweg nahe eines Baumes.

2.2 Die zwei Sorten Glück und „ihre" Moleküle

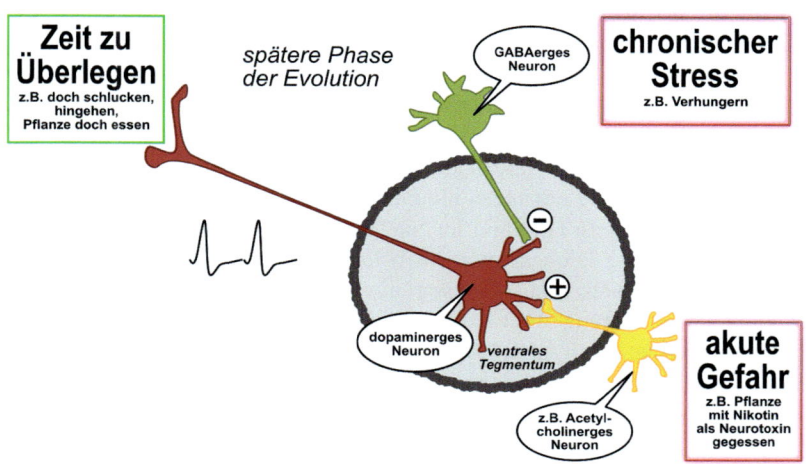

Abb. 2.6 Dopamin in der späteren Evolution. (Quelle: Eigene Abbildung)

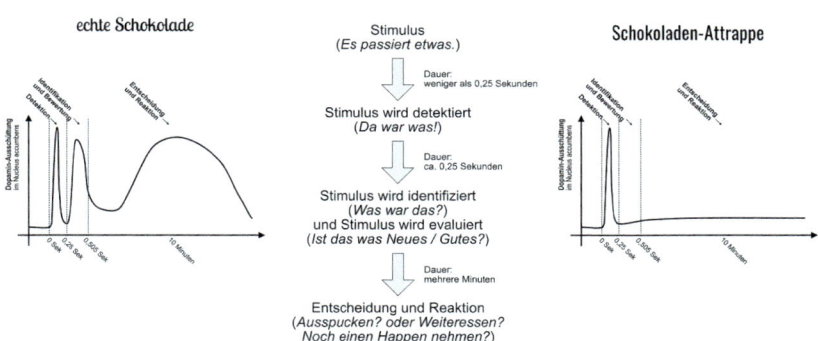

Abb. 2.7 Dopamin-Ausschüttung zur Belohnungs-Vorhersage. (Quelle: Eigene Abbildung)

Anschließend wird der Stimulus identifiziert durch Vergleich mit bereits bekannten Stimuli. Bei dieser Identifikation und ersten Bewertung wird eine Vorhersage getroffen, ob der Stimulus eine Belohnung verspricht. Neue Stimuli werden dabei als potenzielle Belohnungen bewertet, bis ihr wahrer Wert festgestellt wurde. Da es sich hier um zwei aufeinander folgende neuronale Aktivierungen innerhalb einer halben Sekunde handelt, können Drogen, die eine Dopamin-Ausschüttung über mehrere Sekunden hin bewirken, zu einer Fehlbewertung führen: Da der erste Anstieg an Dopamin im Nucleus accumbens über beide Phasen andauert, werden diese Drogen sofort als belohnend klassifiziert, ganz ohne echte Identifikation und Bewertung. Und warum gibt es auch messbare Dopamin-Ausschüttung bei Bestrafung? Hier könnte es eine kurze erste Aktivierung der Dopaminergen Neurone durch die Reaktion auf den physikalischen Stimulus kommen. Ein weiterer Dopamin-Boost kommt dann aber erst, wenn der negative Stimulus stoppt. Das Wegfallen eines Schmerzes kann also auch belohnend sein.

2.2.4 Umklappen des Dopamin-Schalters

Natürlich kann der Schalter aus der einen in die andere Position umgelegt werden, hier kommen nun unsere anderen Kerngebiete und natürlich die Sinneseindrücke von außen ins Spiel. Natürliche Auslöser für die „GO!"-Stellung sind Essen und Sex – oder eine Umgebung, die die Hoffnung auf Nahrung oder Sexualpartner steigen lässt.

> **Beispiel**
>
> Stellen wir uns wieder den Hund aus dem Beispiel von vorhin vor: Er liegt dösend auf seiner Matte: der Dopamin-Schalter ist auf „No-GO"-Stellung. Jetzt kommt Herrchen mit der Leine und gibt aufmunternde Laute von sich: die Hoffnung auf eine spannende neue Umgebung mit Aussicht auf Sex? Das reicht aus, um die dopaminergen Neurone so zu erregen, dass der Schalter auf „GO!" umspringt. Die Erregung des Nucleus accumbens legt nicht nur den Schalter um, sondern führt auch zu weiteren Effekten, wie plötzliche Bewegung bis hin zum vor Freude in die Luft springen und laut bellen. Während der Dopamin-Schalter auf „GO!" steht, werden auch die anderen Spielverderber in ihrer Aktivität gehemmt: die Amygdala, der dorsale vordere Gyrus Cinguli und die laterale Habenula. Der Hund (oder auch wir in einer solchen Verfassung) ist furchtlos, unkritisch und kaum zu enttäuschen – ein

Draufgänger, der alle Warnungen in den Wind schlägt. Herrchen tut gut daran, ihn anzuleinen und nicht einfach die Wohnungstür aufzumachen, denn der Hund würde, ohne zu überlegen, auf die Straße stürmen. ◂

Natürliche Auslöser für das Umklappen des Schalters in die „No-GO"-Stellung sind dann auch genau diese Spielverderber-Bereiche im Gehirn: Zweifel, Enttäuschung, Angst bzw. Erschrecken, aber auch Langeweile halten den Schalter auf „No-GO" gedrückt.

Beispiel

Um bei unserem Hund zu bleiben: Er juchzt und frohlockt, weil Herrchen die Leine dabei hat und jetzt klingelt das Telefon, Herrchen hängt die Leine wieder an den Haken, zieht sich die Schuhe aus und verschwindet wieder. Eine Weile wird der Hund noch hoffen, aber dann machen sich Zweifel an der Aussicht auf einen Spaziergang breit und irgendwann kommt mit voller Macht die laterale Habenula ins Spiel und mit ihr die Enttäuschung. Der Schalter klappt um und unser Hund legt sich seufzend in die Ecke. Ist der Hund jetzt zufrieden? Nein! Die laterale Habenula hemmt natürlich auch die Raphé-Kerne und damit die Ausschüttung von Serotonin im Gehirn (siehe Abb. 2.8).

Entspannt und zufrieden wäre der Hund nach einem spannenden Spaziergang und vollem Futternapf gewesen. Wie wäre es dazu gekommen? Während des Spaziergangs wäre der Dopamin-Schalter auf „GO!" gestanden und hätte die laterale Habenula gehemmt. Diese wiederum hätte also so lange die Raphé-Kerne nicht gehemmt – die serotonergen Neurone sind zwar nicht aktiviert, aber schonmal enthemmt (siehe Abb. 2.9).

Nachdem nun alles abgelaufen und erschnüffelt ist, die Beine lahm und der Hunger gestillt sind, meldet sich der ventrale vordere Gyrus cinguli zu Wort: „Du hast Dich angestrengt und alles erreicht – jetzt ist es gut: entspann Dich!" Wie vermittelt er das? Er aktiviert die Raphé-Kerne und da diese ja schon enthemmt sind, beginnen sie sofort mit der Serotonin-Ausschüttung, die genau das bewirkt: Entspannung, Sättigung und Zufriedenheit (siehe Abb. 2.10). Und einige Axone der serotonergen Neurone reichen auch bis in das ventrale Tegmentum, wo sie die dopaminergen Neurone hemmen. Dopamin würde jetzt nur stören. ◂

Glückliche Tiere wechseln also regelmäßig zwischen Phasen der Vorfreude und Aktivität, motiviert durch Dopamin, und Phasen der zufriedenen Entspannung, ausgelöst durch Serotonin, hin und her.

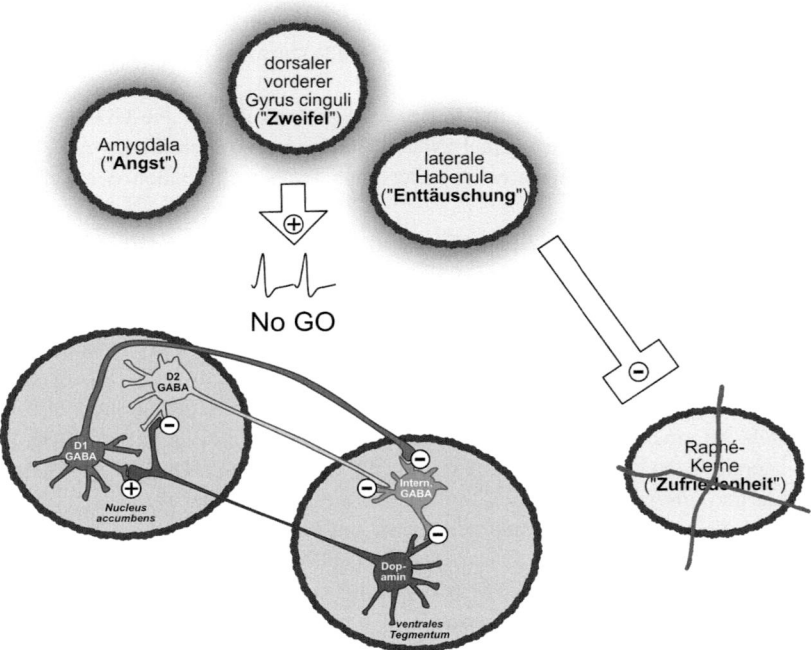

Abb. 2.8 Hemmung dopaminerger Neurone im ventralen Tegmentum und der serotonergen Neurone in den Raphé-Kernen durch Angst, Zweifel und Enttäuschung. (Quelle: Eigene Abbildung)

2.2.5 Serotonin und seine Rezeptoren

Gibt es einen solch einfachen Schalter auch mit Serotonin? Nein. Serotonin ist in seinen Wirkungen um ein Vielfaches komplexer: für Serotonin gibt es nicht nur zwei Rezeptoren, sondern mindestens 14 verschiedene. Oft werden mehrere Rezeptor-Typen auf ein und derselben Nervenzelle exprimiert und zusätzlich variieren deren Anzahl und Aktivität je nach Verwendung. Es ist daher bisher nicht gelungen, Serotonin-Schleifen so detailliert aufzuklären wie bei Dopamin.

Vereinfacht ist es aber auch für das Verständnis der Serotonin-Wirkung hilfreich, sich seine wichtigsten zwei Rezeptortypen anzusehen: 5-HT_{1A} und 5-HT_{2A}. Auch hier löst die Bindung des Neurotransmitters einmal eine Hemmung

2.2 Die zwei Sorten Glück und „ihre" Moleküle

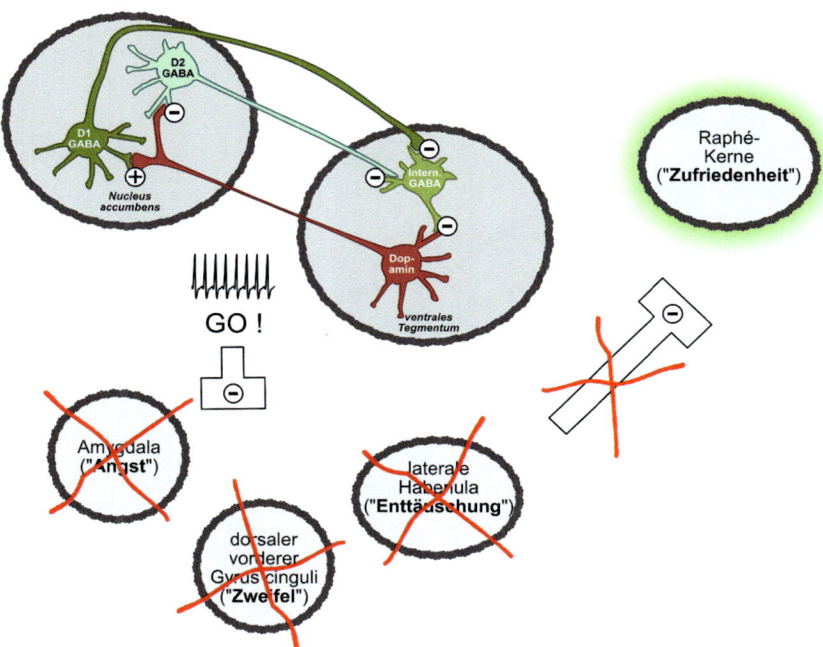

Abb. 2.9 Dopamin-Schleife in GO-Stellung hemmt Angst, Zweifel und Enttäuschung und enthemmt so die serotonergen Neurone. (Quelle: eigene Abbildung)

(5-HT$_{1A}$), einmal eine Aktivierung des Neurons aus (5-HT$_{2A}$). Die aktivierenden 5-HT$_{2A}$-Rezeptoren kommen nur postsynaptisch vor. Sie empfangen also das Signal der serotonergen Neurone aus den Raphé-Kernen im Rest des Gehirns und sind für die Glücksempfindungen (Zufriedenheit, Entspannung) zuständig. Die hemmenden 5-HT$_{1A}$-Rezeptoren kommen sowohl auf denselben Postsynapsen vor wie die aktivierenden 5-HT$_{2A}$-Rezeptoren, aber auch präsynaptisch, also auf den Somata und Dendriten der serotonergen Neurone selbst. Bindung von Serotonin an diese hemmenden 5-HT$_{1A}$-Rezeptoren unterdrückt also das Glücksempfinden auf zwei Arten: es verhindert die positive Wirkung von Serotonin und es vermindert auch die Aktivierung der serotonergen Neurone in den Raphé-Kernen, sodass insgesamt weniger Serotonin ausgeschüttet wird. Entscheidend für eine positive Wirkung von Serotonin ist also nicht nur die Aktivierung der Raphé-Neurone, sondern auch das Verhältnis der beiden Rezeptoren auf den Zielzellen.

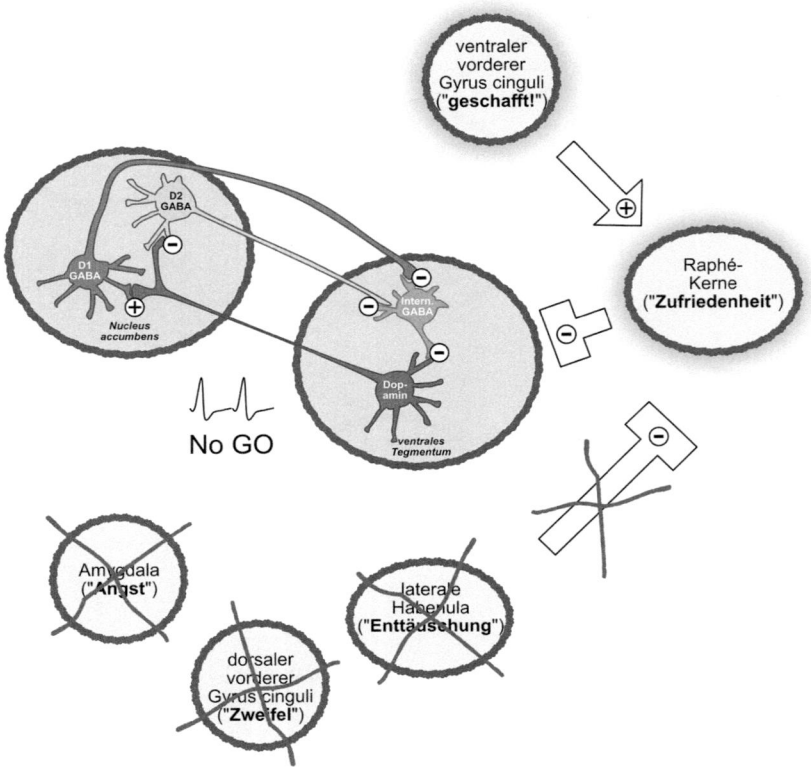

Abb. 2.10 Nach der Enthemmung kann nun der ventrale vordere Gyrus cinguli die Raphe-Kerne aktivieren und so die dopaminergen Neurone hemmen. (Quelle: Eigene Abbildung)

Serotonerge Neurone aus den Raphé-Kernen reichen mit ihren Axonen unter anderem bis in den ventromedialen präfrontalen Cortex (siehe Abb. 2.11) [15]. Dieser reagiert auf das dort ausgeschüttete Serotonin je nach Verhältnis der vorhandenen Serotonin-Rezeptoren: Ist die Aktivität (Anzahl, Sensitivität) der 5-HT_{2A}-Rezeptoren größer als die der 5-HT_{1A}-Rezeptoren, dann werden die glutamatergen Neurone des ventromedialen präfrontalen Cortex aktiviert. Ihre Axone wiederum ziehen bis in die Amygdala und haben erregende Synapsen mit den dortigen GABAergen Interneuronen, die die eigentlichen Neurone der

2.2 Die zwei Sorten Glück und „ihre" Moleküle

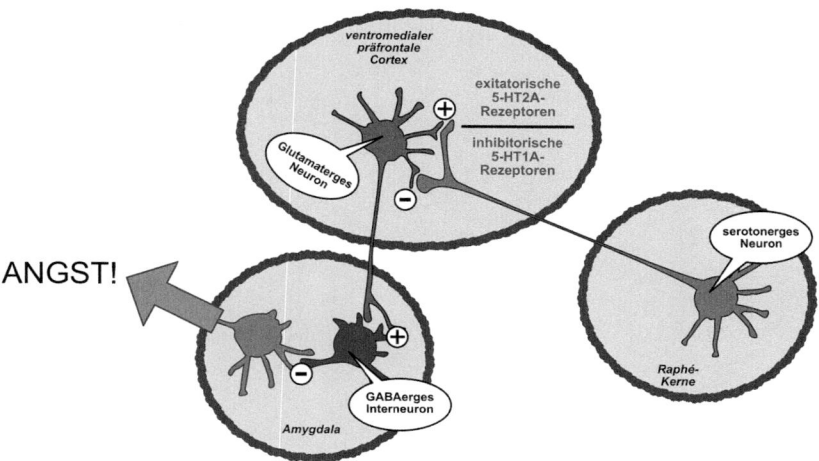

Abb. 2.11 Die dämpfende Wirkung von Serotonin auf die Amygdala wird vom Verhältnis erregender 5-HT$_{2A}$- zu hemmenden 5-HT$_{1A}$-Rezeptoren auf den Neuronen des ventromedialen präfrontalen Cortex beeinflusst: Mehr 5-HT$_{2A}$ dämpft die Angst, mehr 5-HT$_{1A}$ dagegen nicht. (Quelle: Eigene Abbildung)

Amygdala und damit die von der Amygdala ausgelöste Panik hemmen. Das ist der normale Effekt von Serotonin: die Amygdala bei ihrer Panikmache bremsen [10]. Entspannt und zufrieden lassen wir uns weniger schnell erschrecken. Die Gurke wird dann eher auch als das erkannt, was sie ist: ein für Katzen völlig langweiliges längliches Ding, das man nicht essen kann. Wenn aber im ventromedialen Cortex die Aktivität der 5-HT$_{1A}$-Rezeptoren überwiegt, dann kommt es nicht zur Aktivierung der Interneurone und die Amygdala kann ungebremst auf negative Einflüsse reagieren.

Von den Raphé-Kernen ziehen auch Axone bis in den Hypothalamus, wo die nahen Verwandten des 5-HT$_{2A}$-Rezeptors, genannt 5-HT$_{2C}$, auf das Serotonin reagieren. Im Hypothalamus ist das ausgeschüttete Serotonin der wichtigste Sattmacher. Satt zu sein trägt auch sehr zur Zufriedenheit bei. Aber auch hier kann der sättigende Effekt des Serotonins durch eine übermäßige Expression von 5-HT$_{1A}$-Rezeptoren gedämpft werden.

Essen und Glück 3

Das Universum kennt nur eine Triebkraft: die Unordnung, auch Entropie genannt. Dinge passieren so lange, bis der Zustand der höchsten Unordnung erreicht ist. Diesen Zustand können wir auch „Gleichgewicht" nennen. Leben ist eine Form von Ordnung und somit ein ständiger Kampf gegen die Unordnung [43]. Um selbst die eigene Ordnung aufrecht zu erhalten, müssen wir unsere Umwelt unordentlicher machen. Ins „innere Gleichgewicht" zu kommen, bedeutet, tot zu sein. Was Lebewesen benötigen, ist ein Fließgleichgewicht: „ordentliche Energie" (elektrisch als Nahrung und Sauerstoff im Fall von Menschen; Lichtenergie im Fall von Pflanzen) rein – „unordentliche Energie" (Wärme und Abfallstoffe) raus. Um also am Leben zu bleiben, haben sich in jedem Lebewesen Mechanismen entwickelt, die uns motivieren, uns mit der Umwelt auseinanderzusetzen. Die wichtigsten Überlebens-Funktionen sind die, die uns mit Nahrung versorgen, Nahrungs- und Flüssigkeitsspeicher im Körper erhalten, die Körpertemperatur regulieren, für Fortpflanzung und Verteidigung sorgen.

3.1 Periphere und zentrale Signale für die Regulation der Nahrungsaufnahme: Hormone, Neurotransmitter und wie die Abnehmspritze funktioniert

Da die Motivation zur Nahrungssuche und Nahrungsaufnahme letztlich von unserem Gehirn gesteuert wird, gibt es in diesem eine Schaltstelle, die alle nötigen Informationen sammelt und verrechnet: der Hypothalamus [51]. Hier befinden sich mehrere Kerngebiete, die maßgeblich unser Essverhalten steuern. Akut sind

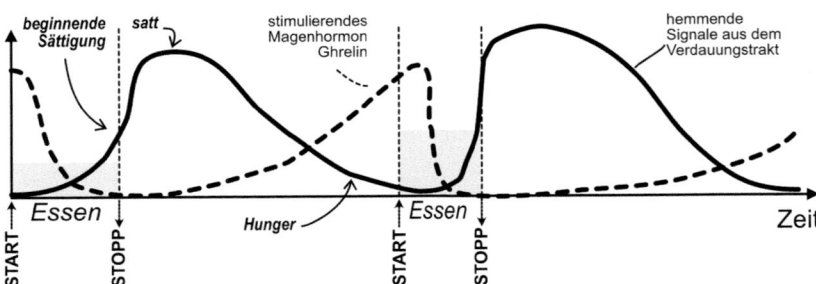

Abb. 3.1 Homöostatische Regulation der Nahrungsaufnahme. (Quelle: Eigene Abbildung)

dabei vor allem die Rezeptoren in unserem Mund-Magen-Darm-Trakt beteiligt: Intensität und Dauer des Geschmacksempfinden aus dem Mund gibt eine grobe Abschätzung, wie viel Energie in der verspeisten Nahrung stecken könnte [6]. Der Magen arbeitet vor allem mit Dehnungsrezeptoren: ist er leer, schüttet er das Hungerhormon Ghrelin aus, ist er voll, stoppt das Hungersignal (siehe Abb. 3.1). Im darauf folgenden Darm befinden sich sehr viele Sensoren: Dehnung ist hier auch wichtig: Ist der Darm (über-)dehnt, dann sendet er ein sehr deutliches „Stopp"-Signal an das Gehirn: „Hör auf zu essen – hier passt nichts mehr rein!" Aber daneben ist natürlich auch wichtig, ob die Nahrung verdaulich ist und ob alle wichtigen Inhaltsstoffe enthalten sind. So wird neben der Dehnung der Gehalt an Zucker, Aminosäuren und Fetten schon im Darm gemessen und als Information an das Gehirn geschickt – zum Teil über den Vagus-Nerv, zum Teil über den Blutweg mittels Hormone. Gifte, also vor allem Scharfes und Bitteres, werden ähnlich wie eine Überdehnung registriert und führen zur schnelleren Passage durch Magen und Darm: je nach Menge oben heraus (wir übergeben uns) oder nach unten. Bitterstoffe oder Scharfes regt also nicht die Verdauung an, sondern die Darmperistaltik. Die Nahrung wird weniger effizient verdaut, sodass weniger von den Giften aufgenommen wird.

All diese physiologischen Regulationen wirken jedoch nur sehr kurzfristig, können also nichts über den aktuellen Energiestatus und die Energiereserven in unserem Körper aussagen. Hier kommen Hormone aus peripheren Organen ins Spiel. Als Beispiele seien Insulin aus der Bauchspeicheldrüse genannt, das den Gehalt unseres Blutes an Glukose, Aminosäuren und Fetten widerspiegelt, und Leptin, das den Füllungszustand unseres Fettspeichers meldet.

> **Wie das Glucagon-like peptide 1 als Semaglutid in der Abnehmspritze erfolgreich wurde**
>
> Eines der hemmenden Signale aus dem Verdauungstrakt ist das „Glucagon-like peptide 1" (GLP1). Es meldet dem Hypothalamus, dass genug verdaubare Nahrung im Darm angekommen ist. Und es meldet auch schonmal der Bauchspeicheldrüse, dass sie ihre Insulin-Sekretion hochfahren kann, denn gleich kommen ja die Nahrungsbausteine im Blut an. Das natürliche Peptid selbst hat nur eine kurze Halbwertszeit. Nach Leerung des Darms und Aufnahme der Nahrungsbestandteile ist es also schon weg und erlaubt sofort wieder eine erneute Nahrungsaufnahme. Länger überdauernde Analoga dieses GLP1, Liraglutid und Semaglutid, wurden wegen ihrer Insulin-steigernden Wirkung für die Behandlung von Typ 2 Diabetikern entwickelt. Wegen ihrer sättigenden Wirkung erleben sie gerade aber auch als Anti-Adipositas-Medikamente einen unvorstellbaren Siegeszug. Mit ihrer direkten positiven Wirkung auf unser Sättigungsgefühl gehören sie zu den wenigen Abnehm-Mitteln, die nicht hungrig machen. Und im Gegensatz zu vielen anderen der Signale aus dem Darm ist das GLP-1-Signal etwas milder, führt bei höherer Dosierung also nicht gleich zu unerträglicher Übelkeit [50]. ◄

Neben dem andauernden „Geplapper" unseres Verdauungstraktes registriert unser Hypothalamus also auch die Nährstoffe im Blut über Insulin und den Füllungszustand unseres Fettgewebes anhand der Leptin-Spiegel.

Die Reaktion des Hypothalamus auf Änderungen im Insulin- und Leptin-Spiegel verläuft jedoch nicht nach demselben homöostatischen Prinzip, wie die auf die Signale aus dem Verdauungstrakt. Am Beispiel vom Leptin soll dies im nächsten Kapitel veranschaulicht werden, während im Abschn. 3.3 dann die Bedeutung der Nahrungsbestandteile im Blut erläutert werden.

3.2 Homöostatisches und hedonisches Essen – warum es gerne ein bisschen mehr sein kann

Während Sauerstoff immer verfügbar sein sollte, können wir Tiere uns nicht darauf verlassen, dass wir ständig – Minute für Minute – Zugang zu Nahrung haben. Wir müssen also Speicher anlegen für die Zeiten zwischen den Mahlzeiten: also mehr essen, als wir genau in dieser Sekunde unseres Lebens verbrauchen. Das Konzept des homöostatischen Essens besagt, dass wir bei einer Mahlzeit genau die Menge an Energie aufnehmen, die in den Phasen zwischen den Nahrungsaufnahmen verbraucht wurde. Damit müssten wir über lange Zeiträume genau den Status quo erhalten.

Den Status quo zu erhalten, ist aber nicht genug. Denn nur im Schlaraffenland steht dann auch immer ausreichend energiereiches Essen zur Verfügung, wenn „der kleine Hunger kommt". In der realen Welt gab und gibt es Bedingungen wie im Schlaraffenland nur sehr selten. Die meisten Menschen mussten und müssen mit regelmäßigen auszehrenden Krankheiten und Hungersnöten zurechtkommen. Um diese zu überleben, brauchen wir Energiespeicher, die nicht nur ein paar Stunden, sondern Wochen bis Monate reichen können. Eine solche Energiereserve ist unser Speicherfett.

Fettspeicher sind essenziell, um Zeiten zu überbrücken, in denen eine ausreichende, regelmäßige Nahrungsaufnahme schwierig ist: Schwangerschaft und Stillzeit, während Krankheiten oder nach schweren Verletzungen, genauso wie Dürren und strenge Winter. In der Evolution eines jeden Tieres hat sich eine untere Grenze der Menge an Fettgewebe etabliert, die aus den oben genannten Gründen auf keinen Fall unterschritten werden sollte. Diese untere Grenze wird rigoros verteidigt durch ein Alarmsystem im Hypothalamus, das von sinkenden Leptin-Spiegeln unter eine untere Grenze ausgelöst wird [51].

Leptin trifft im Hypothalamus auf Neurone, die je nach Menge an Leptin, welches sie detektieren, zwei Reaktionen auslösen: wird genug Leptin im Hypothalamus detektiert, dann führt dies zu einem „Freischalten" von Energie-aufwendigen Prozessen. Messbar ist dies z. B. an der Aktivität des sympathischen Nervensystems. Was alles „freigeschaltet" ist, wird deutlich, wenn der Leptin-Spiegel unter die kritische Marke sinkt: Jetzt ist es für psychisch gesunde Menschen kaum möglich, sich auf andere Dinge zu konzentrieren als auf die Nahrungssuche. Bei Frauen stoppen Eisprung und Menstruationszyklus. Ein sehr seltener genetischer Leptin-Mangel führt bei betroffenen Kindern nicht nur zu unstillbarem Hunger und aggressivem Verhalten, sondern sie leiden auch unter häufigen und schweren Infektionen [57]. Dies zeigt, dass auch die Funktion des Immunsystems eingeschränkt ist. Leptin ist also ein wichtiger Regulator vieler Funktionen unseres Körpers. Leptin ist jedoch kein Sättigungsfaktor. Leptin markiert also – zumindest bei uns heutigen Menschen – die untere Grenze der Fettreserven und sinkende Spiegel sind ein starkes Hungersignal. Leptin verhindert jedoch nicht das hedonische Essen, also den Appetit auf mehr, selbst wenn unsere homöostatischen Bedürfnisse befriedigt sind.

Wildlebende Tiere haben auch eine Grenze nach oben (siehe Abb. 3.2), wenn es um die Fettspeicher geht. Bei Jägern ist es ganz einfach: solange ich zu viel Fettmasse mit mir herumtrage, kann ich nicht erfolgreich jagen und hungere so

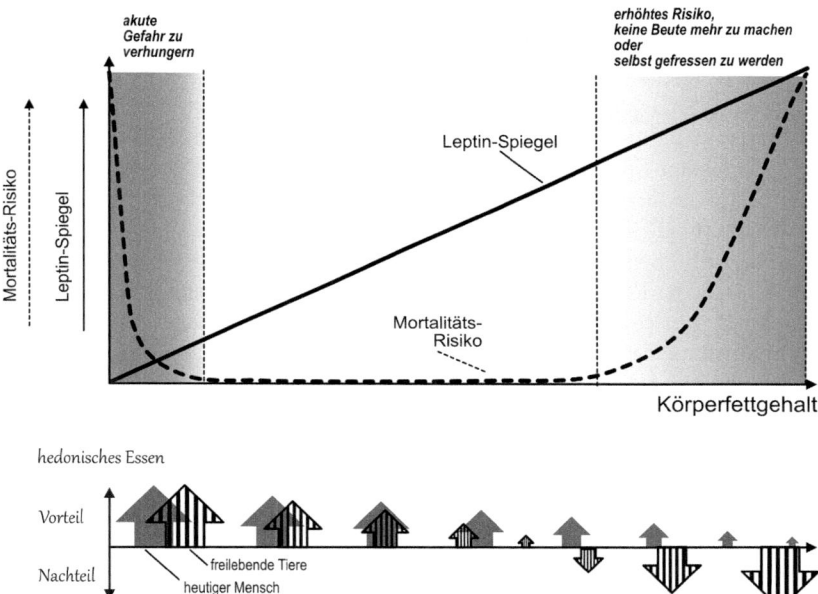

Abb. 3.2 Vorteile und Nachteile von Körperfett und hedonischem Essen. (Quelle: Eigene Abbildung)

lange, bis ich wieder ausreichend bewegungsfähig bin. Bei Beutetieren steigt mit der Fettmasse irgendwann auch das Risiko, nicht mehr schnell genug weglaufen zu können und gefressen zu werden. Vermutlich wird diese Grenze in wildlebenden Tieren jedoch kaum erreicht, da sie sich nicht auf ständig verfügbares Essen ohne Anstrengungen verlassen können. Folgerichtig haben nur Zootiere, Haustiere und Menschen mit Übergewicht zu kämpfen. Menschen sind seit etwa 2 Mio. Jahren keine Beutetiere mehr. Sie wurden selbst zu erfolgreichen Jägern, was anfangs noch mit viel Aufwand und körperlicher Bewegung einherging. Seit einiger Zeit jedoch kommt das Essen – zumindest in den reichen Gesellschaften – auf Bestellung an die Haustür. Wir müssen weder jagen noch fliehen und erleben daher am eigenen Leib, dass es keinen natürlichen oberen Endpunkt für unser Gewicht zu geben scheint. Krankheiten wie Diabetes Typ 2 und Atherosklerose, die unzweifelhaft mit unserer Überernährung zusammenhängen [49], sind evolutiv gesehen jedoch irrelevant, da sie uns nicht daran hindern, uns erfolgreich fortzupflanzen.

Neben Fett benötigen Tiere auch Kohlenhydrate als Speicher. Kohlenhydrate sind essenziell für die Versorgung der roten Blutkörperchen und des zentralen Nervensystems. Auch Kohlenhydrate essen wir mit Lust, also hedonisch.

Proteine sind aufgrund des Stickstoffgehalts und der vielen essenziellen Aminosäuren unverzichtbar. Im Vergleich mit Kohlenhydraten und Fetten können wir jedoch keine Speicher anlegen. Proteine, die wir mit der Nahrung aufnehmen und nicht akut für Biosynthesen benötigen, werden abgebaut und der Stickstoff als Harnstoff entsorgt. Unsere Proteinaufnahme wird also vorrangig nach homöostatischen Kriterien reguliert, nicht nach hedonischen. So zeigen Daten aus den U.S.A., dass die Energie, die U.S.-Bürger pro Tag mit Kohlenhydraten und Fett aufnehmen, zwischen 1961 und 2000 von ca. 10 MJ auf 14 MJ gestiegen ist, während die Aufnahme von Energie in Form von Proteinen bei 2 MJ pro Tag konstant blieb (siehe Abb. 3 in [48]). Proteine werden also nicht regelmäßig „überkonsumiert".

Unser Hypothalamus bewahrt uns also nicht vor zu viel Kalorien, aber er spornt uns auch nicht an, mehr zu essen als nötig. Für Motivation ist immer noch unser Dopamin-Schalter zuständig. Im Abschn. 3.3 wollen wir nun betrachten, wie wir motiviert werden, Süßes und Fettiges zu essen. Und auch, wie gerade Süßes uns hilft, die Glücksbotenstoffe überhaupt zu bilden.

3.3 Warum wir nach Süßem und Fettigem verlangen, beides aber auch Zufriedenheit ermöglicht

3.3.1 Die „Sucht" nach Energie-reichem Essen

Menschen und andere Tiere wurden in der Evolution danach ausgewählt, wie sehr sie energiedichte Nahrung bevorzugen und konsumieren. Energie-dichte Nahrung war lange Zeit – und ist auch heute noch für viele Lebewesen – schwer zu bekommen. Solch wertvolle Nahrung einer herkömmlichen, Energie-ärmeren vorzuziehen, sichert das Überleben und die erfolgreiche Fortpflanzung. Wenn Tiere die Wahl haben, dann konsumieren sie also die Energie-dichtere Nahrung lieber und die bisherige, weniger schmackhafte Nahrung wird im internen Belohnungsgefüge abgewertet [32]. Diese Abläufe in den Belohnungszentren des Gehirns ähneln stark denen, die der Entstehung von Suchtverhalten zugrunde liegen [16]. In Betracht der Bedeutung der Nahrungsaufnahme für das Überleben eines Individuums und seiner Art ist es nicht verwunderlich, dass mehrere teils redundante neuronale Schaltkreise unser Essverhalten regulieren. Es ist nicht korrekt, Essen generell mit Suchtverhalten gleichzusetzen. Den hedonischen Anteil unseres

Essverhaltens jedoch können wir uns analog zum Konsum einer Droge mit Abhängigkeitspotenzial vorstellen:

Beginnen wir mit einer Situation, in der seit der letzten Nahrungsaufnahme bereits einige Stunden vergangen sind. Der Magen ist leer und Ghrelin, der einzige Botenstoff aus dem Verdauungstrakt, der aktiv Hungergefühle auslöst, aktiviert die Dopamin-Neurone im ventralen Tegmentum [36], sodass der Dopamin-Schalter leichter auf die „GO!"-Stellung umklappt. Dies motiviert zur Nahrungssuche und zur Nahrungsaufnahme. Die Aktivität der serotonergen Neurone in den Raphé-Kernen wird gleichzeitig gedämpft. Diese Situation kennen wir als Hunger. Hunger ist ein negatives Gefühl, das durch die Aufnahme von Nahrung gelindert werden kann. Erst dann führt Serotonin zur Sättigung und zur anschließenden Zufriedenheit, die uns eine Weile auch ohne Essen auskommen lässt [56]. Soweit das homöostatische Konzept. Die dopaminerge Belohnungsschleife beschert uns zusätzlich Glücksgefühle, wenn die gefundene und konsumierte Nahrung besonders lohnend war. In Abb. 3.3 ist schematisch dargestellt, wie das Auffinden und Konsumieren von Energie-dichter Nahrung so sehr belohnt wird, dass die normale Nahrung, die bisher immer geschmeckt hat, nun kaum noch unseren Erwartungen genügt.

Dies entspricht nicht nur unseren menschlichen Erfahrungen, sondern lässt sich auch in Tierexperimenten unter kontrollierten Bedingungen nachvollziehen [32]. Ähnlich wie bei Drogenabhängigen, die genau wissen, welch negative Auswirkungen der Konsum der Droge für ihr Gesundheit und ihre Sozialkontakte hat, „zwingt" uns unser eigenes Belohnungssystem, Fett- und zuckerreiche Nahrung „gesunder" Nahrung vorzuziehen, obwohl wir genau wissen, dass die Konsequenzen Adipositas, Atherosklerose und Diabetes sind.

Die neuronalen Stimuli, die hier in die dopaminerge Schleife eingreifen, beeinflussen auch direkt die beiden GABAergen Neuronen-Populationen im Nucleus accumbens, wie erste Untersuchungen zu den Einflüssen von Geschmack und hemmenden Hormonen aus dem Darm zeigen [46]: D1-GABAerge Neurone im Nucleus accumbens werden von positiven Geschmacks-Signalen (echte Zucker und Süßstoffe) aktiviert, und von negativen Geschmacks-Signalen gehemmt (Bitterstoffe). Die D2-GABAergen Neurone dagegen reagieren auf die inhibitorischen Hormone aus dem Verdauungstrakt, wie z. B. das Glucagon-Like Peptide 1 und seine Analoga Liraglutid und Semaglutid. Süßes kann die Dopamin-Schleife also auf GO stellen, während der Darm die Ankunft von Nahrungsstoffen nicht nur dem Hypothalamus meldet, sondern auch die Motivation zur Nahrungsaufnahme im Belohnungssystem dämpft.

Nur Serotonin aus den Neuronen in den Raphé-Kernen kann allerdings wirklich satt und zufrieden machen – Serotonin ist im Gehirn jedoch knapp bemessen.

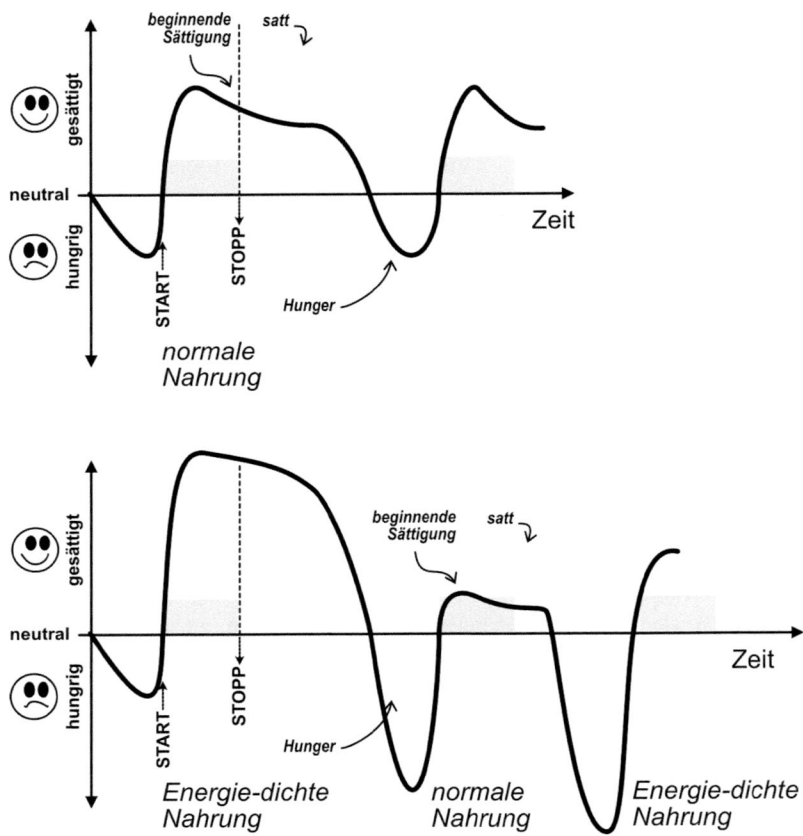

Abb. 3.3 Abwertung der Belohnung durch normale Nahrung nach Aufnahme von Energie-dichter Nahrung. (Quelle: Eigene Abbildung)

3.3.2 Wie Aminosäuren als Vorstufen von Aminen bis zu unseren Neuronen im Gehirn gelangen

Wie in Abschn. 2.2 beschrieben, entstehen Dopamin und Serotonin in ihren jeweiligen Neuronen im Gehirn lokal. Dazu benötigen diese Neurone bestimmte Aminosäuren als Vorstufen. Dopamin kann aus Tyrosin entstehen, Serotonin aus Tryptophan (siehe Abb. 2.3). Diese Aminosäuren gehören zu den aromatischen

Aminosäuren, die essenziell und in unserer Nahrung selten sind. Wir können sie also nicht selbst herstellen und sie sind in den typischen Nahrungsproteinen, egal ob aus pflanzlichen oder tierischen Quellen, unterrepräsentiert. Zusätzlich müssen diese Aminosäuren ja nicht nur aus den Nahrung über den Darm ins Blut, sondern von dort auch über die Blut-Hirn-Schranke zu den Neuronen gelangen.

Proteine sind die einzige Quelle für die aromatischen Aminosäuren, also gehört zu einer ausgewogenen Ernährung natürlich auch hochwertiges Protein. Aber mit jeder proteinhaltigen Mahlzeit nehmen wir auch viele andere Aminosäuren auf. Deswegen reicht es nicht – und ist paradoxerweise sogar hinderlich – viel Protein zu essen. Die häufigsten Aminosäuren, Glutamat und Glutamin, werden dabei fast komplett vom Darm selbst verstoffwechselt. Dünndarmzellen ernähren sich von den beiden Aminosäuren und nicht von Glukose, welche diese für den Rest des Körpers durchlassen müssen. Eine besondere Stellung unter den Aminosäuren aus unserer Nahrung haben in dem hier besprochenen Kontext jedoch die verzweigtkettigen Aminosäuren. Sie sind auch essenziell – wir selbst können sie also nicht herstellen – aber sie sind reichlich in allen Proteinen vorhanden. Außerdem werden sie weder vom Darm noch von der nachgeschalteten Leber nennenswert verbraucht.

Aminosäure-Transport über Zellmembranen
Aminosäuren sind geladene, wasserlösliche Moleküle, die nicht frei über fettige Zellmembranen diffundieren können. Sie benötigen dafür Transport-Proteine.

Erleichterte Diffusion ist dabei ein „passiver" Transport. Das Molekül wird so lange netto in einer Richtung über die Membran transportiert, bis seine Konzentration auf beiden Seiten gleich hoch ist.

Für aktiven Transport gegen einen Konzentrationsgradienten benötigen Zellen eine Energiequelle: Adenosintriphosphat = ATP. Die Spaltung von ATP liefert Energie, die direkt oder indirekt für den aktiven Transport verwendet werden kann:

Primär aktive Transporter sind ATP-getriebene Pumpen, die selbst ATP spalten, während sie die Moleküle über die Membran transportieren. Ein primär aktiver Transporter, den jede Zelle unseres Körpers besitzt, ist die Natrium-Kalium-ATPase, die mithilfe der Energie aus einer ATP-Spaltung drei Natrium-Ionen aus der Zelle hinaus- und zwei Kalium-Ionen in die Zelle hineintransportiert.

Sekundär aktive Transporter nutzen den Natrium-Gradienten, der von der Natrium-Kalium-ATPase generiert wurde, um ihre Moleküle zu transportieren. Diese werden in Bezug auf Aminosäure-Transporter auch „Belader" genannt [8].

Tertiär aktive Transporter nutzen wiederum die Moleküle, die sekundär aktiv in die Zelle gelangten, um diese gegen andere auszutauschen. Sie werden in Bezug auf Aminosäuren auch „Harmonisierer" genannt.

Neben den „Beladern" und den „Harmonisierern" gibt es auch noch „Kontrollierer"-Aminosäure-Transporter, die Aminosäuren aus der Zelle herausfließen lassen, wenn die Zelle davon zu viel hat.

Bei Zellen, die zwei unterschiedliche Seiten haben, geben die „Belader"-Transporter die Richtung vor. Epithelzellen zum Beispiel trennen unser Körperinneres von der Außenwelt. Innen wird dabei meist die „basolaterale" Seite genannt, während die Außenseite als „apikal" bezeichnet wird. Bei den Epithelzellen in unserem Darm sitzen die „Belader" auf der apikalen, also dem Darmlumen zugewandten Seite. Sie pumpen die Zellen voll mit Aminosäuren aus unserer Nahrung und die anderen Aminosäuren werden dann dem Gradienten folgend über „Harmonisierer" nachgezogen. Auf der basolateralen Seite dagegen strömen die Aminosäuren dann über „Kontrollierer" passiv ins Blut und stehen unserem Körper so zur Verfügung.

3.3.2.1 Aufnahme von Aminosäuren in das Gehirn

Überraschenderweise werden Aminosäuen eher aus dem Gehirn ferngehalten [20]. Die Blut-Hirn-Schranke ist in erster Linie ein Schutz der Neurone vor den schwankenden Metabolit-Konzentrationen im Blut. Einige Aminosäuren sind selbst Neurotransmitter und würden, wenn sie unkontrolliert die Blut-Hirn-Schranke passieren könnten, Schaden anrichten. Der wichtigste erregende Neurotransmitter ist Glutamat. Sein Transport über Membranen wird von einer Gruppe an exzitatorischen Aminosäure-Transportern bewerkstelligt, die Glutamat gegen seinen Konzentrationsgradienten im Co-Transport mit Natrium-Ionen katalysieren. Sie sind also „Belader". Glutamat darf sich auf keinen Fall in der extrazellulären Flüssigkeit um die Neurone herum ansammeln, deswegen besitzen mehrere Zellen diese Natrium-angetriebenen Glutamat-Transporter: Neurone, Astrozyten und auch Endothelzellen der Blut-Hirn-Schranke [21]. Blutgefäße sind üblicherweise nicht komplett dicht, Endothelzellen grenzen also normalerweise nicht so eng aneinander. Meist können kleine wasserlösliche Moleküle wie Aminosäuren also zwischen den Zellen durchsickern. Anders die Blut-Hirn-Schranke. Hier müssen die Aminosäuren durch die Endothelzelle, um von einer auf die andere Seite zu gelangen. Diese Endothelzellen haben also wie Epithelzellen zwei unterschiedliche Seiten: eine luminale Seite, die zum Blutgefäß-Inneren, also zum Blut hin zeigt, und eine abluminale Seite, die zur extrazellulären Flüssigkeit des Gehirns hin zeigt. Die „Belader", die Glutamat aus dieser Hirn-Flüssigkeit herauspumpen, sitzen also auf der abluminalen Seite der Blut-Hirn-Schranke. Auf der luminalen Seite befindet sich der „Harmonisierer" für große neutrale Aminosäuen, der verzweigtkettige Aminosäuren, aromatische Aminosäuren und andere, wie Methionin und Glutamin, gegeneinander austauscht.

Das Gehirn benötigt aromatische Aminosäuren, vor allem Tyrosin und Tryptophan, für die Synthese wichtiger Neurotransmitter. Eine Studie an Ratten [14] hat gezeigt, dass das Verhältnis von Tryptophan zu anderen großen neutralen Aminosäuren im Blut mit dem Tryptophan-Gehalt im Gehirn korreliert. Bei Menschen kann aus verständlichen Gründen nicht einfach so der Tryptophangehalt im Gehirn gemessen werden, aber es gibt Hinweise darauf, dass es hier vergleichbar ist (siehe akute Tryptophan-Depletion).

3.3.2.2 Aufnahme von Aminosäuren in den Skelettmuskel

Die Aufnahme von großen neutralen Aminosäuren in Skelettmuskelzellen geschieht vor allem über Harmonisierer LAT1, der aromatische wie verzweigtkettige Aminosäuren, Methionin und Glutamin austauscht. Angetrieben wird die Aminosäure-Aufnahme vor allem über den Belader SNAT, der Natrium-abhängig polare Aminosäuren wie Glutamin in die Zelle pumpt [8]. Glutamin kann dann gegen die anderen großen neutralen Aminosäuren über LAT1 ausgetauscht werden. Aminosäuren, die in den Skelettmuskelzellen nicht für die Proteinbiosynthese verwendet oder abgebaut werden, können über LAT1 oder einen der Kontrollierer wieder ins Blut zurückgelangen.

Die Transportkapazität von sowohl SNAT als auch LAT1 werden durch Insulin gesteigert. Dennoch zeigen viele Studien an Menschen, dass ein Anstieg von Insulin im Blut, z. B. nach einer Kohlenhydrat-reichen Mahlzeit, das Verhältnis von aromatischen zu verzweigtkettigen Aminosäuren und von Tryptophan zu allen anderen großen neutralen Aminosäuren steigert. Dabei sinkt die Konzentration von allen Aminosäuren außer Tryptophan im Blut und die der verzweigtkettigen stärker als die der aromatischen Aminosäuren. Wie kann das sein? An den Transportern selbst wird es hier nicht liegen – eher schon am Stoffwechsel in den Skelettmuskelzellen selbst. Der Skelettmuskel hat als einziger eine nennenswerte Enzymaktivität für die Desaminierung von verzweigtkettigen Aminosäuren. Die Desaminierung ist bei Aminosäuren der erste Schritt zum Abbau. Während also alle Organe verzweigtkettige Aminosäuren für die Proteinbiosynthese nutzen können, kann nur der Skelettmuskel diese abbauen. Dies führt dazu, dass verzweigtkettige Aminosäuren, die in Skelettmuskelzellen aufgenommen werden, diese nur selten wieder verlassen. Aromatische Aminosäuren schon.

3.3.2.3 Wie Zucker dabei hilft, Tryptophan den Weg über die Blut-Hirn-Schranke zu erleichtern

Die Konzentration an verzweigtkettigen Aminosäuren steigt im Blut nach einer Mahlzeit an. Im Gehirn werden sie kaum benötigt, konkurrieren aber mit den aromatischen Aminosäuren an ein und demselben Transporter über die Blut-Hirn-Schranke. Ergo: Essen wir Proteine, dann bleiben im Blut die Konzentrationen von Tryptophan, Phenylalanin und Tyrosin mit je ca. 70 µM konstant, die Konzentration der verzweigtkettigen Aminosäuren steigt jedoch von zusammen ca. 350 µM vor der Mahlzeit auf ca. 460 µM danach (siehe Abb. 3.4).

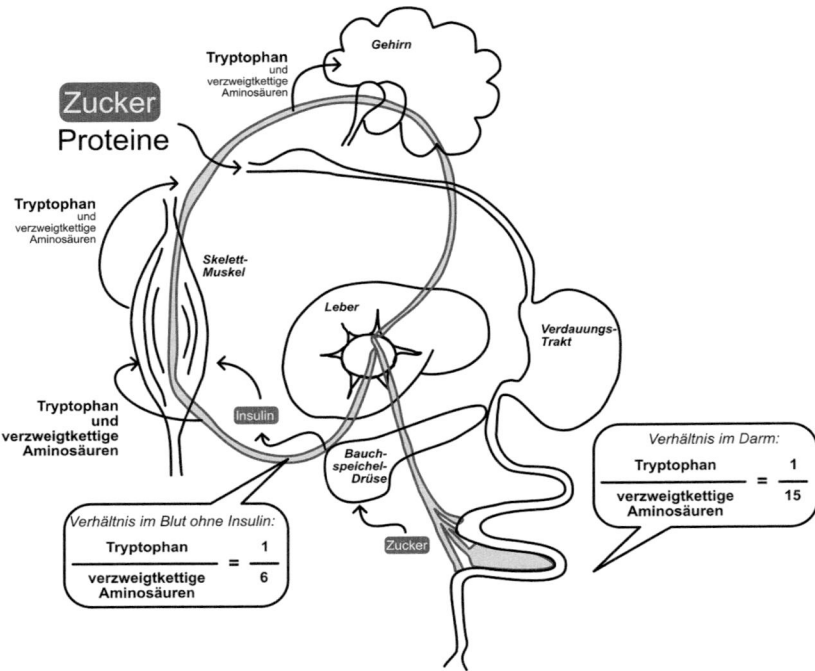

Abb. 3.4 Schicksal von Tryptophan und verzweigtkettigen Aminosäuren aus der Nahrung. (Quelle: Eigene Abbildung)

Und da das Gehirn auf einen ständigen Nachschub an frischen aromatischen Aminosäuren angewiesen ist, kann Nahrung, die nur aus Protein besteht, sogar schlechte Laune machen – oder zumindest nicht zu Freude und Zufriedenheit beitragen. Diese einfache Möglichkeit, einen vorübergehenden Mangel an Serotonin im Gehirn zu verursachen, nutzen Psychologen für Interventionsstudien. Die Methode heißt „akute Tryptophan-Depletion" [62]. Natürlich spielen auch noch andere Faktoren eine Rolle, ob und wie viel Tryptophan über die Blut-Hirn-Schranke gelangt nach einer Mahlzeit: Tryptophan und alle anderen Aminosäuren können vorab von peripheren Organen aufgenommen und entweder für die eigene Proteinbiosynthese oder im Energiestoffwechsel verbraucht worden sein.

Und hier kommt nun die Schokolade (oder eine andere Süßigkeit) ins Spiel: Durch den Zucker (Saccharose), der in Schokolade reichlich enthalten ist und ohne großen Aufwand und Zeit aus dem Nahrungsbrei in das Blut aufgenommen wird, erhält unsere Bauchspeicheldrüse den Auftrag, Insulin ins Blut auszuschütten. Insulin ist ein Hormon, das allen anderen Organen mitteilt, dass jede Menge Nährstoffe im Blut zur freien Verfügung stehen. Am besten bekannt ist seine Rolle für den Glukosestoffwechsel, aber auch Fette und Aminosäuren werden erst nach „Freigabe" durch Insulin in großen Mengen in die Zellen aufgenommen: Aminosäuren vor allem in den Skelettmuskel, Fette vor allem in das Fettgewebe [8]. Durch die Aufnahmen von Fettsäuren in das Fettgewebe ist mehr Platz für Tryptophan am Transport-Protein Albumin [35]. Duch die Insulin-induzierte Aufnahme aller Aminosäuren in den Skelettmuskel bei gleichzeitiger Verwertung von verzweigtkettigen, nicht aber den aromatischen Aminosäuen durch den Muskel, kommt es zu einem Anstieg im Quotienten aromatische zu verzweigtkettige Aminosäuren im Blut [34].

Bei den Beladern, die Aminosäuren aus dem Gehirn in die Zellen der Blut-Hirn-Schranke pumpen, gib es zwei, die verzweigtkettige Aminosäuren verwenden, aber nur einer davon befördert auch die aromatischen. Über die luminale Seite können Aminosäuren dann über den LAT1 mit dem Blut ausgetauscht werden. Wer rein und wer rauskommt, hängt also davon ab, wie das Verhältnis im Blut und innerhalb der Blut-Hirn-Schranke selbst ist. Da in der Zelle durch den doppelten Import mehr verzweigtkettige als aromatische vorliegen dürften und im Blut zumindest nach Insulin-Wirkung die verzweigtkettigen verringert sind, verliert das Gehirn also eher verzweigtkettige Aminosäuren als aromatische. Also führt Schokolade und die daraus resultierende Insulin-Ausschüttung, zum Anstieg der Tryptophan-Verfügbarkeit im Gehirn [14]. Bei kompletter Nahrungskarenz (Hungern) über mehrere Tage sinkt der Insulin-Spiegel und das Fettgewebe steigert die Freisetzung von Fettsäuren zur Versorgung anderer Gewebe mit Energie. Glukose und Aminosäure-Spiegel im Blut werden auf niedrigem Niveau konstant gehalten. In dieser Situation steigt die Verfügbarkeit von Tryptophan für das Gehirn auch an, denn die freigesetzten Fettsäuren aus dem Fettgewebe verdrängen Tryptophan vom Albumin [35]. So kann paradoxerweise sowohl eine ausgewogene Ernährung aus Protein und Kohlenhydraten wie auch komplette Nahrungskarenz die Serotonin-Spiegel im Gehirn steigern.

3.4 Schokolade: was ist dran, was ist drin?

Schokolade, vor allem den dunkleren Sorten, werden im Internet und auf Social Media häufig positive Eigenschaften in Bezug auf Gesundheit und Glück zugeschrieben. Diese Kombination ist selten. Gesunde Lebensmittel gelten sonst nicht als besonders glücklich-machend. „Iss das, das ist gesund!" führt bei Kindern nur selten zu Freudensprüngen. Warum also Schokolade?

Dazu sehen wir uns an, was in Schokolade enthalten ist.

Kakaobohnen sind die Samen des Kakaobaumes, *Theobroma cacao,* und die Grundlage für jede Schokolade. Wie alle Lebewesen enthalten auch Kakaobohnen unzählige (weit über 1000) verschiedene chemische Bestandteile. Oft wird allein diese Tatsache als Besonderheit dargestellt, aber auch jedes Weizenkorn oder jeder Pilz ist derart vielfältig. Je nach Intention der Autoren werden dann häufig die Substanzen konkret beim Namen genannt, die gesund klingen, oder die besonders giftig scheinen. Dabei kommt es, wie von Theophrastus Bombast von Hohenheim, genannt Paracelsus, treffend formuliert [38], immer auf die konsumierte Menge an, ob etwas heilsam oder giftig ist.

3.4.1 Wie wird aus Kakaobohnen Schokolade?

3.4.1.1 Rohe Kakaobohnen

Rohe Kakaobohnen sind die Embryonen des Kakaobaums, *Theobroma cacao,* und werden von diesem in einer festen Schote, und ummantelt von süßsaurem Fruchtfleisch produziert, Das süßsaure Fruchtfleisch soll vermutlich Tiere anlocken, die die Kakaoschoten vom Baum wegtragen und aufbrechen. Damit die Bohnen selbst nicht gegessen werden, macht die Pflanze sie giftig und bitter durch Theobromin und Koffein (zusammen ca. 0,2 g pro 100 g [42]) und cyanogene Glykoside [4]. Theobromin ist ein Nervengift und aus den cyanogenen Glykosiden wird im Verdauungstrakt des Tieres Blausäure frei. Die in Kakaobohnen enthaltenen Kohlenhydrate und Fette sollen dem Embryo die nötige Energie zum Keimen liefern. Als Schutz vor Sonnenstrahlung und oxidativem Stress, aber auch vor Fressfeinden, enthält die Bohne Polyphenole, vor allem das Flavanol Epicatechin. Der Gesamtgehalt an löslichen, also schmeckbaren, Polyphenolen in unfermentierten, aber getrockneten und entfetteten Kakaobohnen liegt zwischen 15 und 20 % [59]. Das entspricht etwa 2,6 % in frischen unbehandelten Bohnen direkt aus der Schote, die ca. 60 % Wasser und 23 % Fett enthalten. Polyphenole schmecken bitter und adstringierend.

3.4.1.2 Fermentation und Trocknung der Bohnen

Die Schoten werden nach der Ernte aufgebrochen und das Fruchtfleisch mit den Bohnen wird in Haufen mit Blättern bedeckt, in denen sie für 6–8 Tage fermentieren, also durch anaerobe Mikroorganismen zersetzt werden. In dieser Zeit wird der Zucker des Fruchtfleisches zu Monosacchariden hydrolysiert und über Alkohol zu Essigsäure vergoren. Die Bohnen verlieren ihre zelluläre Integrität und auch die Proteine in den Zellen werden zu Aminosäuren und Aminen abgebaut.

Auch einige Fette werden hydrolysiert und es entstehen freie Fettsäuren. Diese monomeren Moleküle sind die sogenannten Aroma-Vorstufen, die beim Rösten dann die typischen Schokoladen-Aromen bilden [41].

Polyphenole werden während der Fermentation oxidiert und polymerisieren zu braunen, unlöslichen Verbindungen, die der Schokolade ihre Farbe geben [42]. Dabei bleiben von den ursprünglichen Polyphenolen nur noch 10–20 % übrig [22]. Nach der Fermentation werden die Bohnen in der Sonne getrocknet, was den Wassergehalt von ca. 55 % auf etwa 7,5 % reduziert [42]. In diesem Zustand werden die Bohnen zu den Röstereien transportiert. Ohne Fermentation enthalten die trockenen Bohnen ca. 1,2 g Epicatechin pro 100 g, mit Fermentation nur noch zwischen 0,08 bis 0,17 g [39]. Für eine gute Qualität soll der Gesamt-Polyphenol-Gehalt in getrockneten, entfetteten Bohnen nach der Fermentation 10 % nicht überschreiten [59].

3.4.1.3 Röstung der Bohnen

Geröstet wird normalerweise bei 100–150°C für bis zu 30 min [22]. Dabei sinkt der Epicatechin-Gehalt noch einmal auf etwa die Hälfte [39]. Der Röstprozess hat vor allem zwei Wirkungen: er macht die Bohnen spröde, sodass sie einfacher zu vermahlen sind, und er verbessert die Aromen. So verringert sich das unerwünschte Essigaroma, da die Essigsäure verdunstet. Gleichzeitig bilden sich aus den Vorstufen (Zucker, Aminosäuren und Fette) durch chemische Reaktionen die erwünschten Röstaromen [41]. Des Weiteren kann das bittere Theobromin durch Rösten bei höheren Temperaturen auf etwa ein Viertel reduziert werden [22].

Dennoch ist Theobromin, zumindest für Hunde, noch der gefährlichste Bestandteil von Kakao. Eine Theobromin-Vergiftung wird daher inoffiziell auch „Kakao-Vergiftung" genannt.

3.4.1.4 Kakaomasse, Kakaopulver, Kakaobutter und Schokolade

Nach der Röstung werden die Kakaobohnen gemahlen, sodass eine Paste entsteht. Diese Rohmasse, auf Englisch *cocoa liquor* genannt, wird dann durch ein feines Sieb gepresst, sodass das Fett, die Kakaobutter, herausläuft und nur das Kakaopulver zurückbleibt. Je nach Fettrestanteil gilt das Kakaopulver als schwach (mind. 20 %) oder stark (mind. 8 %) entölt. Schokolade wird direkt aus der Kakaorohmasse hergestellt und je nach Sorte noch mit mehr oder weniger zusätzlicher Kakaobutter und Zucker vermischt. Aus den Konsumstatistiken ([18] und [2]) ergibt sich, dass 2022 in Deutschland 2,9 kg an Kakaomasse bzw. 8 kg an Schokolade pro Kopf konsumiert wurden. Der mittlere Kakao-Anteil in der konsumierten Schokolade ist also nur 36 %.

3.4.2 Wie also macht Schokolade glücklich?

Auf diversen Internetseiten werden häufig spezifische Moleküle wie Anandamid, Serotonin und Tryptophan als die „Glücksmoleküle in der Schokolade" genannt. Evidenz gibt es jedoch nur für Fett und Zucker als die glücklich-machenden Inhalte.

3.4.2.1 Anandamid

Anandamid ist ein endogenes Cannabinoid, also ein Molekül, das unsere Nervenzellen selbst produzieren. Es bindet an den Cannabinoid-Rezeptor und erzeugt dort Wirkungen, die wir von Tetrahydrocannabinol (THC) aus Cannabis kennen. Es ist zum Beispiel unter anderem für das „Runners High" mit verantwortlich, weil es bei übermäßiger körperlicher Anstrengung die Schmerzen und Erschöpfung dämpft. So können wir über unser Limit hinaus noch die letzten Meter vor einem Raubtier fliehen. Anandamid enthält als Baustein die Fettsäure Arachidonsäure, die von mehrzelligen Pflanzen, also auch dem Kakaobaum, gar nicht synthetisiert wird [11]. Minimale Mengen, die in Schokolade gefunden werden, können also nur aus Verunreinigungen beim Herstellungsprozess oder aus Zusätzen wie der Milch in Milchschokoladen stammen. Diesbezüglich würde Milch also viel glücklicher machen, als es Schokolade je könnte.

3.4.2.2 Serotonin

Serotonin ist ein biogenes Amin, das ebenfalls nur in winzigsten Spuren in Schokolade gefunden wurde. Serotonin wird in viel höheren Konzentrationen in unserem Darm selbst produziert, wo es als Botenstoff die Peristaltik anregt. Serotonin aus der Peripherie darf nicht ins Gehirn gelangen. Dafür sorgt die Blut-Hirn-Schranke. Schokolade selbst enthält andere biogene Amine in viel höheren Konzentrationen als Serotonin. Darunter die Leichengifte Putrescin und Cadaverin, sowie Tyramin, die aus der bakteriellen Zersetzung von Aminosäuren bei der Fermentation entstehen. Alle biogenen Amine der Nahrung werden im Darm oder spätestens in der Leber durch die dort aktive Monoaminooxidase inaktiviert. Sie erreichen also nicht den Blutstrom und schon gar nicht das Gehirn. Bei Patienten, die als Medikament einen Monoaminooxidase-Inhibitor einnehmen, können biogene Amine aus der Nahrung ins Blut gelangen. Diese machen dann jedoch beileibe nicht glücklich, sondern führen zu gefährlichen Blutdruck-Krisen. Serotonin hat seinen Namen aufgrund dieser Wirkung erhalten: „Sero" von Blutserum und „tonin" von Tonus = Druck.

3.4.2.3 Tryptophan

Tryptophan ist als Aminosäure in Schokolade enthalten. Und als Aminosäure gibt es für Tryptophan Transportproteine, die diesem Molekül den Übertritt über die Blut-Hirn-Schranke ermöglichen (siehe Abschn. 3.3.2.1). Jedoch kommen auch in Schokolade auf ein Tryptophan etwa 15 verzweigtkettige Aminosäuren, die im Gegensatz zu Tryptophan ungehindert durch Darm und Leber ins Blut gelangen und an der Blut-Hirn-Schranke mit Tryptophan um die Aufnahme konkurrieren. Das Tryptophan aus der Schokolade ist also nicht hilfreich für die Versorgung der Neuronen der Raphé-Kerne mit Tryptophan und eine stärkere Serotonin-Synthese durch diese.

3.4.2.4 Zucker für mehr Serotonin im Gehirn

Schokolade enthält im Gegensatz zu Kakaopulver ca. 50 % Zucker [23], der den immer noch bitteren Geschmack der Kakaomasse erträglicher macht. Wie in Abschn. 3.3.2.3 beschrieben führt der Zucker nach einer gewissen Zeit (vielen Minuten bis einige Stunden) zu mehr Tryptophan und damit potenziell auch zu mehr Serotonin im Gehirn. Jeder süße Nachtisch nach einer Protein-haltigen Mahlzeit kann so den Serotonin-Spiegel und damit die Zufriedenheit erhöhen.

3.4.2.5 Genuss von Fett und Zucker

Der wichtigste glücklich machende Aspekt von Schokolade ist neben dem Zucker auch der hohe Fett-Anteil. Während Proteine und die darin enthaltenen Aminosäuren fast ausschließlich den homöostatischen Essensantrieb dämpfen, können Fett und Zucker auch im satten Zustand noch Appetit erzeugen. Wie in Abschn. 3.3.1 beschrieben, gehört Schokolade damit zu den Lebensmitteln, für deren Konsum wir durch Dopamin-Ausschüttung im Nucleus Accumbens belohnt werden. Diese Belohnung wird direkt beim Konsum über den Geschmackssinn als Glücksgefühl erlebt [52]. Diese Vorfreude, die von der Aussicht auf den Konsum von Schokolade ausgelöst wird, ist also nicht von einzelnen chemischen Molekülen abhängig. Damit Schokoladenkonsum jedoch die Stimmung nachhaltig hebt, lohnt es sich, bewusst zu genießen [33]. Hier kommen dann höhere Hirnbereiche mit ins Spiel, die nicht nur den Geruch, Geschmack und Kaloriengehalt der Schokolade nüchtern bewerten, sondern auch den Kontext des aktuellen Konsums und Erfahrungen mit Schokolade aus der Vergangenheit.

3.4.3 Ist Schokolade gesund?

Diese Frage ist nicht eindeutig zu beantworten. Der Genuss kaloriendichter Nahrung kann die Stimmung heben und Stress abbauen. Das ist sicher gesund.

Bei Schokolade wird jedoch vor allem der Gehalt an Polyphenolen und Theobromin für gesundheitsbezogene Effekte verantwortlich gemacht. Beide, Polyphenole und Theobromin, können positive wie auch negative Effekte haben. Für die Polyphenole ist die stärkste Evidenz für einen positiven Beitrag zur Gesundheit bisher auf den Effekt auf das Mikrobiom im Darm beschränkt. Polyphenole werden kaum im Darm resorbiert und dort wie in der Leber sofort umgewandelt, sodass die dann konjugierten Polyphenole, die tatsächlich in geringen Konzentrationen im Blut und Urin nachweisbar sind, keine antioxidative und antientzündliche Wirkung mehr haben. Der wichtigste negative Effekt ist sicher die kaloriendichte, die Schokolade zu einer Gefahr für die Entwicklung von Adipositas und damit auch dem metabolischen Syndrom macht. Eine geringe Menge ausschließlich dunkler Schokolade scheint hier harmlos, aber wer sich freiwillig auf nur 10–30 g dunkle Schokolade pro Tag beschränkt, isst vermutlich auch ansonsten weniger Süßes und Fettiges. Dass Schokolade den Appetit senken kann, ist richtig, gilt aber wieder nur für solche mit sehr hohem Polyphenolgehalt und daher stark bitterem Geschmack. Bitterstoffe können Vergiftungserscheinungen auslösen, die bis zu Übelkeit und Erbrechen führen. In kleineren Mengen äußern sich diese darin, dass einem der Appetit vergeht. Koffein und Theobromin gelangen in den Blutstrom und auch in das Gehirn, wo sie die bekannten Wirkungen auf Wachheit und Aufmerksamkeit haben, aber eben auch ein Trigger für einen Migräneanfall sein können [63].

Wie bei fast allen Nahrungsmitteln lässt sich somit zusammenfassend sagen: Eine gesunde Ernährung ist eine abwechslungsreiche Ernährung und darf auch geringe Mengen an Schokolade enthalten. Große Mengen an Schokolade sind jedoch nicht gesund und allein der Konsum von Schokolade wird auch keine Krankheiten heilen.

Essstörungen und Probleme mit dem Glücksempfinden 4

Bei einem psychisch gesunden Menschen wird die Dopamin-Ausschüttung im Nucleus accumbens durch eine Vielzahl von unterschiedlichsten Anreizen gesteigert und der D1-Schalter gedrückt – mit der damit assoziierten Vorfreude. Das können ein Treffen mit Freunden, ein Nachmittag im Shopping-Center, ein Gewinn beim Glücksspiel, ein Glas Wein oder eben auch ein Stück Schokolade sein. Danach sollte Serotonin den Schalter wieder umlegen auf D2 und diese Menschen für eine gewisse Zeit zufrieden machen, woraufhin dann ein neuer Anreiz die D1-Schleife wieder aktivieren kann. Dabei sind wir genau so individuell unterschiedlich, wie in anderen Eigenschaften. Es gibt Personen, die immer aktiv sind, ständig dem nächsten „kick" hinterherlaufen, und dabei viel erreichen. Und es gibt diejenigen, die mit sich und der Welt zufrieden sind. Diese Personen sind oft eine angenehme Gesellschaft, aber evtl. auch langweilig und sicher nicht die großen „Macher". Beide Veranlagungen haben ihre Vorteile und Nachteile. In einer Gesellschaft benötigen wir beide Typen, nur im Extremen sind sie pathologisch.

Da es hier um das Glücksempfinden durch Essen geht, stehen vor allem sozial-psychologische Aspekte im Vordergrund und nicht der Body Mass Index. Essen sollte Spaß machen, wird aber nicht selten auch zum Problem. Konflikte zwischen den unbewussten Antrieben und den bewussten Einflüssen von außen (Stichwort Fat-Shaming) sind hier besonders zu nennen. Mangelnde Glücksgefühle können schwerwiegende Effekte auf das Körpergewicht haben: Zu wenig Befriedigung kann zu einer positiven Energiebilanz und damit Adipositas führen, während Angst statt Vorfreude bei dem Gedanken an Essen zu Anorexien führen kann.

4.1 Adipositas

Die Idee hinter der Konstanthaltung des Körpergewichts, zumindest in einem gewissen Rahmen, lautet: Dopamin und Serotonin im gesunden Wechsel. Bei Nahrungsmangel wäre eine mögliche Strategie, sich möglichst nicht zu bewegen und die gespeicherten Energiereserven so lange wie möglich auszureizen. Der Nachteil an dieser Strategie ist, dass der Zustand des Nahrungsmangels so auch nicht behoben wird. Um Nahrung zu finden, müssen wir uns bewegen. Ghrelin, das Hunger-Hormon aus dem Magen, ist daher ein Stimulus für die Dopamin-Ausschüttung [36]. Dopamin motiviert uns, auch im Hungerzustand aktiv zu sein, Nahrung zu suchen und dann auch zu konsumieren. Sobald dies erfolgreich geschehen ist, kann wieder der Spar-Fuchs die Oberhand gewinnen: also Serotonin das Verlangen zurückdrängen und eine Pause zur Erholung einleiten. Adipositas entwickelt sich generell durch eine zu hohe Kalorienaufnahme bei zu wenig körperlicher Aktivität. Man kann hier ein ähnliches Grundproblem vermuten, wie bei der Sucht (siehe Abschn. 3.3.1): Auch hier scheint das Verlangen nach Fett- und Kohlenhydrat-reicher Nahrung größer zu sein als der sättigende und befriedigende Effekt des Serotonins.

Die Lust am Essen – auch über das absolut Nötigste hinaus – und die Unlust am Sport – also Energie ohne konkreten, lebenswichtigen Grund zu verschwenden – sind evolutiv fest in unseren Genen verankert und werden durch Dopamin und Serotonin-Systeme im Gehirn gefördert. Diese „Couch-Potatoe"-Veranlagung hat die Menschheit bisher gut durch verschiedenste Krisen gebracht, v. a. durch Zeiten mit Nahrungs-Mangel und auszehrenden Infektionskrankheiten. An die moderne Überflussgesellschaft mit guter Gesundheitsversorgung scheinen wir so jedoch nicht mehr optimal angepasst. Adipositas und daraus resultierende Herz-Kreislauf-Erkrankungen, chronische Entzündungen und Diabetes sind scheinbar biologisch unvorteilhaft. Die Evolution hat aber ganz andere Prioritäten. Für die Evolution, also den Druck zur Anpassung an neue Umweltgegebenheiten, zählen nur die Anzahl und Fitness der Nachkommen. Ein erhöhtes Risiko für Diabetes Typ II und Herzinfarkt im Alter stören nicht bei der Vermehrung und Versorgung unserer Kinder. Wir Menschen müssen nicht mehr schlank sein – es gibt keine Raubtiere mehr, vor denen wir flüchten müssen, und wir müssen uns unser Essen auch nicht mehr selbst erjagen. Ist Überernährung, also mehr Kalorien aufnehmen, als man verbraucht, eine Essstörung des Individuums, oder vielleicht einfach nur unsere träge genetische Anpassung, die mit den rasanten Änderungen der Gesellschaft nicht Schritt halten kann? Adipositas ist nicht gesund, behindert aber die wenigsten darin, sich erfolgreich fortzupflanzen. Außerdem ist der Überfluss, den wir kennen, nicht auf der ganzen Welt zu finden. Es gibt noch sehr viele Menschen, die Tag für Tag und Jahr für Jahr unter Hungersnöten und Infektionskrankheiten leiden. Zu einer erfolgreichen Evolution gehören daher auch die Unterschiede zwischen den Individuen einer Art, also unterschiedliche Geno- und Phänotypen innerhalb einer Population. Nur so kann eine Population auf Änderungen in der Umwelt adäquat reagieren. Es sind also immer einzelne Individuen gut, andere schlechter angepasst. Nur so können die grundlegenden Selektionskriterien der Evolution überhaupt wirken.

4.2 Bewusstes Essen

Eine genaue Abschätzung der Rechenleistung verschiedener Anteile unseres zentralen Nervensystems ist schwierig. Schätzungen gehen davon aus, dass die Leistung all unserer unbewussten Rechenoperationen im Gehirn mindestens 50 Mio. Bit pro Sekunde beträgt, während wir nur unter 100 Bit pro Sekunde zur Verfügung haben, um uns einzelne Bereiche unseres Denkens bewusst zu machen und ihnen Aufmerksamkeit zu schenken [55]. Doch „Bit pro Sekunde" ist vermutlich keine valide Messgröße für die Abläufe im Gehirn [31]. Klar ist aber, dass nur ein sehr geringer Teil der Informationen von außen oder auch von innerhalb unseres Körpers und auch innerhalb unseres Gehirns unser Bewusstsein erreicht [58] bzw. wir nur einem kleinen Teil der Vorgänge Aufmerksamkeit schenken können [54]. Niemand lebt also komplett „bewusst". Wenn wir uns entscheiden, „bewusst zu essen", dann lenken wir unsere Aufmerksamkeit auf die Nahrungsaufnahme. Viele andere Dinge, die vielleicht unsere Aufmerksamkeit erfordert hätten, laufen dann unweigerlich unbewusst ab. Bewusstsein ist Kontrolle – wir haben es in der Hand, welche unserer Aktionen wir kontrollieren wollen, und welche nicht. Jedoch alles kontrollieren, das geht nicht.

Es ist nichts dagegen einzuwenden, die akute Nahrungsaufnahme bewusst zu genießen, also die Glücksgefühle auszukosten, die eine leckere Speise oder ein kühler Schluck Wasser an einem heißen Tag auslösen. Diese Art des genussvollen Essens wird auch von Krankenkassen empfohlen [37] und kann die Stimmung heben [33]. Bewusst zu genießen ist also gut für die Psyche, auch wenn es nicht den am häufigsten beschworenen Effekt hat: Es senkt nicht die Anzahl an Kalorien, die konsumiert werden ([40] und [54]).

4.3 Anorexia nervosa

Ganz anders empfinden wohl Personen mit Anorexia nervosa die Aussicht auf Nahrungsaufnahme. Sie können sich nicht auf Essen freuen und es dann auch nicht genießen, nicht einmal oder vor allem nicht Schokolade.

Junge Mädchen, die später an Magersucht erkranken, fallen schon früh dadurch auf, dass sie kaum Spaß haben, sondern stattdessen besonders ordentlich und fleißig sind. Das Zimmer ist immer aufgeräumt, die Hausaufgaben erledigt und in der Schule gibt es auch sonst keine Probleme. Allerdings sind sie eher schüchtern und überempfindlich gegen Kritik. Mit der Pubertät beginnen diese Mädchen dann, immer weniger zu essen – vor allem Fett und Kohlenhydrate werden gemieden. Außerdem treiben sie übermäßig viel Sport [25].

Bei ihnen ist der Dopamin-Schalter möglicherweise in der D2-Position verklemmt ([28] und [24]). Dies lässt sich aus dem messbaren erhöhten Verhältnis von D2- zu D1-Rezeptoren in verschiedenen Hirnbereichen schließen, aber auch aus dem beobachtbaren Verhalten: Personen, die an Anorexia nervosa erkranken, sind oft lebenslang sehr rigide in ihren Handlungen und wenig bereit, sich auf äußere Einflüsse flexibel einzulassen. So können sie sehr gut auf gestellte Ziele hin arbeiten, verstehen aber überhaupt nicht, wenn das erreichte Ergebnis von anderen als nicht perfekt eingestuft wird. Sie sind stark Ich-synton – ihre eigenen Empfindungen sind für sie immer richtig, Kritik daher für sie nicht akzeptabel. Dies steht im Gegensatz zu den vermuteten D1-vermittelten positiven Funktionen des dopaminergen Systems, das ja für die Auseinandersetzung mit der Umwelt und daraus resultierenden Veränderungen im eigenen Verhalten verantwortlich gemacht wird (siehe Abschn. 2.2.1).

Ebenso gibt es Hinweise, dass Serotonin mitverantwortlich ist für die Entwicklung von Anorexia nervosa. Die Patientinnen haben übermäßig viele 5-HT1A-Rezeptoren, die die eigentlich positiven Wirkungen von Serotonin herabsetzen [25]. Dies geht wohl so weit, dass Serotonin hinderlich ist für das Glücksempfinden. So lernen Patientinnen früh, dass Nahrung, die das Verhältnis von Tryptophan zu anderen Aminosäuren im Blut erhöht (siehe Abschn. 3.3.2.3), bei ihnen schlechte Laune macht und Angstgefühle verstärkt. Sie essen daher eher Proteine und meiden Fett- und Kohlenhydrat-reiche Nahrung [44]. Die Aufnahme von Proteinen verhindert, dass die erhöhten freien Fettsäuren beim Fasten Tryptophan von Albumin freisetzen und so doch das verfügbare Tryptophan für die Aufnehme ins Gehirn steigern (siehe Abschn. 3.3.2.3).

Aber das erklärt noch nicht, warum die anorektischen Personen die Kalorienaufnahme insgesamt so stark senken und dann auch noch Sport treiben. Die Vermutung ist, dass diese Personen so über einen Umweg doch ein wenig Freude empfinden können: Durch Hungern und erschöpfende körperliche Aktivität werden nämlich endogene Opiate freigesetzt, die eine motivierende und angstlösende Wirkung haben. Man vermutet, dass Patienten mit Anorexia nervosa süchtig sind nach diesen körpereigenen Opiaten [19].

Vielleicht entwickelt sich aus diesen Erkenntnissen irgendwann eine funktionierende Therapie gegen die Magersucht beim Menschen. Die bisherigen Versuche, die oft mit einer Zwangsernährung kombiniert werden, sind ethisch schwer zu vertreten und wirken leider nicht nachhaltig heilend. Eine einfache Erhöhung von Dopamin oder Serotonin ist sicher nicht hilfreich, aber Medikamente, die bestimmte Rezeptor-Typen gezielt aktivieren oder hemmen, könnten mehr Erfolg haben.

4.4 Depression

Eine Hypothese über die molekularen Ursachen einer Depression besagt, dass die Monoamine, speziell Dopamin und Serotonin, generell zu schwach wirken. Wenn im Gehirn zu wenig Dopamin ausgeschüttet wird, oder das ausgeschüttete Dopamin nicht wirken kann, dann kann man sich auf nichts mehr freuen (siehe Abschn. 2.2.3). Und zu wenig Serotonin versagt jegliche Zufriedenheit. Depressive Personen sind oft antriebslos und schnell überfordert. Sie können aber das „Nichtstun" auch nicht genießen, denn bei ihnen sind die Zentren im Gehirn überaktiv, die sie zweifeln lassen. Außerdem haben sie ständig Angst, sorgen sich und sind enttäuscht von sich und anderen. Speziell das serotonerge System ist bei Depression gestört [7]. Die Ursache ist schwer auszumachen, da bisher Patienten erst untersucht werden, wenn sie bereits depressive Symptome zeigen. Eine Hypothese geht davon aus, dass die Ursache die verminderte Serotonin-Ausschüttung ist, und dass sich dadurch erst die Menge und Verhältnisse der Serotonin-Rezeptoren ändern. Dabei werden Rezeptoren oft verstärkt exprimiert und sensitiver, wenn ihr Ligand ausbleibt [1]. Wenn ein langanhaltender Serotonin-Mangel ursächlich für eine Depression ist, dann lässt sich damit auch das vermehrte Auftreten mit Adipositas erklären: Zum einen führt Adipositas häufig zu einer peripheren Insulin-Resistenz, die wiederum die Aufnahme von Tryptophan in das Gehirn behindert (siehe Abschn. 3.3.2.3); zum anderen geht eine Adipositas auch häufig mit einer chronischen Entzündung einher, bei der Tryptophan für andere Zwecke verbraucht wird und so ebenfalls im Gehirn fehlt [12]. Ein Serotonin-Mangel im Gehirn führt jedoch auch zu verringerten Sättigungssignalen im Hypothalamus, also vermehrter Kalorienaufnahme und Verschlimmerung der Adipositas. So kann das vermeintliche Paradox aufgelöst werden, dass depressive

Personen keinen Spaß am Essen haben, aber trotzdem zu viele Kalorien konsumieren. Hier ist nicht der hedonische Antrieb entscheidend, sondern der homöostatische Mechanismus fehljustiert.

4.5 Sucht

Anders ist es bei Menschen, die zu Suchtverhalten neigen. Bei diesen Personen scheint das Verhältnis von Serotonin zu Dopamin nicht zu stimmen [24]. Ihr Dopamin-Schalter klemmt in der D1-Stellung fest und sie verspüren dauerhaft ein starkes Verlangen nach etwas, sind also hochmotiviert, aber können nicht ausreichend dadurch befriedigt werden. Sucht ist das unstillbare Verlangen nach etwas: Das können chemische Substanzen sein, Glücksspiele oder Shopping kommen genauso infrage. Meist ist die Ursache eine zu geringe Ausschüttung oder Wirkung von Serotonin. Manche Substanzen können jeden süchtig machen – so z. B. die besonders starken Opiate, wie Fentanyl, die einen derart hohe und plötzliche Dopamin-Ausschüttung verursachen, dass auch ein ganz normaler Serotonin-Tonus überwältigt wird.

Ist man einmal süchtig, dann gewöhnt sich die D1-Dopamin-Schleife an diese eine Droge oder diese eine Tätigkeit. Süchtige haben also meist nicht generell stärkere Motivation, sondern können sich oft über nur noch eine Tätigkeit oder den Konsum nur noch einer Substanz freuen.

Besonders wohlschmeckende Nahrung (süß und fettig) kann über die hedonischen Elemente der Regelkreise im Gehirn ähnliche Effekte haben wie Suchtmittel (siehe Abschn. 3.3.1). Hieraus kann sich eine echte Sucht nach Essen entwickeln, die viele der Kriterien erfüllt, die Kliniker für die Diagnostik einer Suchterkrankung heranziehen [30]. Die Therapie von Suchterkrankungen ist allgemein sehr schwierig und hängt vor allem davon ab, wie gut es gelingt, sich von der Droge selbst fernzuhalten. Die Therapie einer Esssucht ist somit fast unmöglich, da fettreiches und süßes Essen in unserer Gesellschaft überall und billig zu haben ist.

4.6 Was ist wichtiger: psychische Gesundheit oder das perfekte Körpergewicht?

Viele psychische Erkrankungen beeinflussen unser Essverhalten und umgekehrt. Damit ist diese Frage nicht eindeutig zu beantworten. Unsere Psyche zieht eindeutig das Glücksempfinden dem perfekten Körper vor, wie an Patienten mit

Anorexia nervosa zu sehen. Wenn Glück nur durch Hungern erreichbar ist, dann hungern wir. Und wenn Glück nur durch Essen erreichbar ist, dann essen wir mehr, als gesund ist. Dabei ist unsere zentrale Recheneinheit nicht auf die Spätfolgen eingestellt. Adipöse Menschen essen nicht zu viel oder anorektische Personen zu wenig, weil sie dumm sind oder um andere zu ärgern. Sie reagieren auf das unbewusste Bedürfnis nach Glück. Niemand kann einer anderen Person das Streben nach individuellem Glück verbieten, und nur mit der Möglichkeit auf Glücksmomente kann eine Therapie von Essstörungen gelingen.

Was Sie aus diesem *essential* mitnehmen können

Dopamin und Serotonin

- als ubiquitäre Botenstoffe, die von Einzellern bis hin zu hochkomplexen Lebewesen verwendet werden.
- regulieren Aufmerksamkeit, Motivation, Belohnung und Zufriedenheit.
- beeinflussen sowohl das homöostatische wie auch das hedonische Essverhalten.
- belohnen uns für den Konsum von Fett und Zucker – also auch Schokolade.
- sind bei Essstörungen in ihren Wirkungen gestört.

Literatur[1]

1. Albert, P.R. et al. (2014). Serotonin-prefrontal cortical circuitry in anxiety and depression phenotypes: pivotal role of pre- and post-synaptic 5-HT1A receptor expression. *Frontiers in Behavioral Neuroscience,* (8) https://doi.org/10.3389/fnbeh.2014.00199.
2. Ahrens, S. (2025). Pro-Kopf-Absatz von Schokolade in Deutschland bis 2030. https://de.statista.com/statistik/daten/studie/72632/umfrage/pro-kopf-verbrauch-von-schokoladenwaren-in-deutschland. Zugegriffen: 19. Februar 2025.
3. Andrianarivelo, A. et al. (2019). Modulation and functions of dopamine receptor heteromers in drugs of abuse-induced adaptations. *Neuropharmacology,* (152, 42–50). https://doi.org/10.1016/j.neuropharm.2018.12.003.
4. Aremu, C. Y. et al. (1995). Nutrient and antinutrient profiles of raw and fermented cocoa beans. *Plant Foods Hum Nutr,* (48(3):217–23). https://doi.org/10.1007/BF01088443.
5. Azmitial E. C. (2007). Serotonin and Brain: Evolution, Neuroplasticity, and Homeostasis. *International Review of Neurobiology,* (77, 31–56). https://doi.org/10.1016/S0074-7742(06)77002-7.
6. Boesveldt, S. und de Graaf, K. (2017). The Differential Role of Smell and Taste For Eating Behavior. *Perception,* (46(3–4), 307–319). https://doi.org/10.1177/0301006616685576.
7. Bremshey, S. et al. (2024). The role of serotonin in depression—A historical roundup and future directions. *Journal of Neurochemiestry,* (168, 1751–1779). https://doi.org/10.1111/jnc.16097.
8. Bröer, S. (2022). Amino acid transporters as modulators of glucose homeostasis. *Trends in Endocrinology & Metabolism,* (33, 2, 120–135). https://doi.org/10.1016/j.tem.2021.11.004.
9. Csaba, G. (2015). Biogenic Amines at a low level of Evolution: Production, Functions, and Regulation in the unicellular Tetrahymena. *Acta Microbiologica et Immunologica Hungarica,* (62(2), 93–108). https://doi.org/10.1556/030.62.2015.2.1.

---

[1] „Zum Weiterlesen" (Weiterführende Literatur als Tipp für den Leser): fett markiert.

© Der/die Herausgeber bzw. der/die Autor(en), exklusiv lizenziert an Springer-Verlag GmbH, DE, ein Teil von Springer Nature 2025
P. Schling, *Vom Glück und der Schokolade,* essentials,
https://doi.org/10.1007/978-3-662-71514-7

10. Diekhof, E. K. et al. (2011). Fear is only as deep as the mind allows – A coordinate-based meta-analysis of neuroimaging studies on the regulation of negative affect. *NeuroImage,* (58, 275–285). https://doi.org/10.1016/j.neuroimage.2011.05.073.
11. Di Marzo, V. (1998). Trick or treat from food endocannabinoids? *Nature,* (396, 636). https://doi.org/10.1038/25267.
12. Engin, A. B. und Engin, A. (2024). Tryptophan Metabolism in Obesity: The Indoleamine 2,3-Dioxygenase-1 Activity and Therapeutic Options. *Adv Exp Med Biol,* (1460, 629–655). https://doi.org/10.1007/978-3-031-63657-8_21.
13. Erland, L. A. E. et al. (2016). Serotonin: An ancient molecule and an important regulator of plant processes. *Biotechnology Advances,* (34, 1347–1361). https://doi.org/10.1016/j.biotechadv.2016.10.002.
14. Fernstrom J.D. und Wurtman R. J. (1972). Brain serotonin content: physiological regulation by plasma neutral amino acids. *Science,* (178(4059):414–416). https://doi.org/10.1126/science.178.4059.414.
15. Fischer, P. M. et al. (2011). Medial prefrontal cortex serotonin 1A and 2A receptor binding interacts to predict threat-related amygdala reactivity. *Biology of Mood & Anxiety Disorders,* (1(1):2). https://doi.org/10.1186/2045-5380-1-2.
16. Geisler, C. E. und Hayes, M. R. (2023). Metabolic hormone action in the VTA: Reward-directed behavior and mechanistic insights. *Physiology & Behavior,* (268, 114236). https://doi.org/10.1016/j.physbeh.2023.114236.
17. Goulty, M. et al. (2023). The monoaminergic system is a bilaterian innovation. *Nature Communications,* (14:3284). https://doi.org/10.1038/s41467-023-39030-2.
18. Haase, E. (2025). Versorgungsbilanzen Kakao. *Bundesanstalt für Landwirtschaft und Ernährung,* https://www.bmel-statistik.de/ernaehrung/versorgungsbilanzen/kakao. Zugegriffen: 19. Februar 2025.
19. Hasan T. F. und Hasan H. (2011). Anorexia Nervosa: A Unified Neurological Perspective. *Int. J. Med. Sci.,* (8(8):679–703). https://doi.org/10.7150/ijms.8.679.
20. Hawkins, R. A. et al. (2006). Structure of the Blood–Brain Barrier and Its Role in the Transport of Amino Acids. *J. Nutr.,* (136: 218S–226S). https://doi.org/10.1093/jn/136.1.218S.
21. Hawkins, R. A und Viña, J. R. (2016). How Glutamate Is Managed by the Blood-Brain Barrier. *Biology (Basel),* (5(4):37). https://doi.org/10.3390/biology5040037.
22. Hermund, D. B. et al. (2025). Fate of flavonoids and theobromine in cocoa beans during roasting: Effect of time and temperature. *J Am Oil Chem Soc.,* (102:35–45). https://doi.org/10.1002/aocs.12853.
23. Institut für Chemie und ihre Didaktik, Universität zu Köln (1999). Zusammensetzung von Schokolade, https://www.uni-koeln.de/math-nat-fak/didaktiken/chemie/schokomaterialien/p5.pdf. Zugegriffen: 15. Februar 2025.
24. Jones, J. A. et al. (2021). Neurochemical substrates linked to impulsive and compulsive phenotypes in addiction: A preclinical perspective. *J Neurochem,* (157(5), 1525–1546). https://doi.org/10.1111/jnc.15380.
25. Kaye, W. (2008). Neurobiology of anorexia and bulimia nervosa. *Physiology & Behavior,* (94, 121–135). https://doi.org/10.1016/j.physbeh.2007.11.037.
26. Kazamaru (2015). Are raw cacao beans edible? https://www.quora.com/Are-raw-cacao-beans-edibl. Zugegriffen: 15. Februar 2025.
27. Kirchhoff, F. (2025). Grundlagen Anatomie. dasGehirn.info – Der Kosmos im Kopf. https://www.dasgehirn.info/grundlagen/anatomie. Zugegriffen: 25. Februar 2025.

28. Khelifa. M. S. et al. (2021). Biased Ghrelin Receptor Signaling and the Dopaminergic System as Potential Targets for Metabolic and Psychological Symptoms of Anorexia Nervosa. *Front. Endocrinol.*, (12:734547). https://doi.org/10.3389/fendo.2021.734547.
29. Kringelbach, M. L. et al. (2012). The functional human neuroanatomy of food pleasure cycles. *Physiology & Behavior*, https://doi.org/10.1016/j.physbeh.2012.03.023.
30. Krupa, H. et al. (2024). Food Addiction. *Brain Sci.,* (14 (10), 952). https://doi.org/10.3390/brainsci14100952.
31. Leyh, A. (2022). Wie schnell arbeitet das Gehirn? dasGehirn.info – Der Kosmos im Kopf. https://www.dasgehirn.info/aktuell/frage-an-das-gehirn/welche-datenmenge-verarbeitet-das-gehirn. Zugegriffen: 25. Februar 2025.
32. Mazzone, C. M. et al., (2020). High-fat food biases hypothalamic and mesolimbic expression of consummatory drives. *Nature Neuroscience,* (23, 1253–1266). https://doi.org/10.1038/s41593-020-0684-9.
33. Meier, B. P. et al. (2017). The sweet life: The effect of mindful chocolate consumption on mood. *Appetite,* (108, 21–27). https://doi.org/10.1016/j.appet.2016.09.018.
34. Moller S. E. (1989). Neutral amino acid plasma levels in healthy subjects: effect of complex carbohydrate consumed along with protein. *J Neural Transm,* (76:55–63). https://doi.org/10.1007/BF01244991.
35. Munro, H. N. (1975). Regulation of protein metabolism in relation to adequacy of intake. *Infusionsther Klin Ernahr,* (2(2), 112–117). https://doi.org/10.1159/000219598.
36. Navarro, G. et al. (2022). Complexes of Ghrelin GHS-R1a, GHS-R1b, and Dopamine D1 Receptors Localized in the Ventral Tegmental Area as Main Mediators of the Dopaminergic Effects of Ghrelin. *The Journal of Neuroscience*, (42(6):940–953). https://doi.org/10.1523/JNEUROSCI.1151-21.2021.
37. Novitas BKK (2025). Genuss – Gönn' dir was! https://info.novitas-bkk.de/magazine/gesundschau/genuss. Zugegriffen: 19. Februar 2025.
38. Paracelsus (1538). Die dritte Defension wegen des Schreibens der neuen Rezepte. *Septem Defensiones,* (Werke Bd. 2, Darmstadt 1965, S. 510).
39. Payne, M. J. (2010). Impact of Fermentation, Drying, Roasting, and Dutch Processing on Epicatechin and Catechin Content of Cacao Beans and Cocoa Ingredients. *J. Agric. Food Chem.,* (58, 10518–10527). https://doi.org/10.1021/jf102391q.
40. Peluso Simonson, A. et al. (2020). Comparison of mindful and slow eating strategies on acute energy intake, *Obes Sci Pract,* (6(6):668–676). https://doi.org/10.1002/osp4.441.
41. Peña-Correa, R. F. (2024). The impact of roasting on cocoa quality parameters. *Critical Reviews in Food Science and Nutrition,* (64:13, 4348–4361). https://doi.org/10.1080/10408398.2022.2141191.
42. Pereira-Caro, G. (2012). Profiles of Phenolic Compounds and Purine Alkaloids during the Development of Seeds of Theobroma cacao cv. Trinitario. *J. Agric. Food Chem.,* (61, 427–434). https://doi.org/10.1021/jf304397m.
43. Phillips, R. (2021). Schrödinger's What Is Life? at 75. *Cell Systems,* (12, 465–476). https://doi.org/10.1016/j.cels.2021.05.013.
44. Russel, G. F. M. (1967). The nutritional disorder in anorexia nervosa. *Journal of Psychosomatic Research,* (11 (1), 141–149). https://doi.org/10.1016/0022-3999(67)90066-9.
45. Russo, S. J. und Nestler, E. J. (2013). The brain reward circuitry in mood disorders. *Nature reviews Neuroscience* (14, 609–625). https://doi.org/10.1038/nrn3381.

46. Sandoval-Rodrıguez, S. et al. (2023). D1 and D2 neurons in the nucleus accumbens enablepositive and negative control over sugar intake in mice. *Cell Reports,* (42). https://doi.org/10.1016/j.celrep.2023.112190.
47. Schulz, W. (2016). Dopamin reward prediction-error signalling: a two-comonent response. *Nature Reviews Neuroscience*, (17, 183–195). https://doi.org/10.1038/nrn.2015.26.
48. Simpson S. J. und Raubenheimer D. (2005). Obesity: the protein leverage hypothesis. *obesity reviews,* (6, 133–142). https://doi.org/10.1111/j.1467-789X.2005.00178.x.
49. Singh, A. et al. (2025). Type 2 Diabetes Mellitus: A Comprehensive Review of Pathophysiology, Comorbidities, and Emerging Therapies. *Compr Physiol*, (15(1), e70003). https://doi.org/10.1002/cph4.70003.
50. Singh, G. et al. (2022). Wegovy (semaglutide): a new weight loss drug for chronic weight management. *J Investig Med,* (70:5–13). https://doi.org/10.1136/jim-2021-001952.
51. Speakman, J. R. (2014). If Body Fatness is Under Physiological Regulation, Then How Come We Have an Obesity Epidemic? *Physiology,* (29: 88–98). https://doi.org/10.1152/physiol.00053.2013.
52. Su, J. et al. (2020). Involvement of the nucleus Accumbens in chocolate-induced cataplexy. *Scientific Reports,* (10, 4958). https://doi.org/10.1038/s41598-020-61823-4.
53. Ting-A-Kee, R. et al. (2015). A proposed resolution to the paradox of drug reward: Dopamine's evolution from an aversive signal to a facilitator of drug reward via negative reinforcement. *Neuroscience and Biobehavioral Reviews,* (56, 50–61). https://doi.org/10.1016/j.neubiorev.2015.06.016.
54. Tapper, K. und Seguias, L. (2020). The effects of mindful eating on food consumption over a half-day period. Appetite, (148, 104495). https://doi.org/10.1016/j.appet.2019.104495.
55. Treue, S. (2015). Aufmerksamkeit – Wie sehen wird die Welt? dasGehirn.info – Der Kosmos im Kopf. https://www.dasgehirn.info/entdecken/grosse-fragen/wie-sehen-wir-die-welt. Zugegriffen: 25. Februar 2025.
56. Voigt, J.-P. und Fink, H. (2015). Serotonin controlling feeding and satiety. *Behavioural Brain Research*, (277, 14–31). https://doi.org/10.1016/j.bbr.2014.08.065.
57. Wabitsch, M. et al. (2015). Biologically Inactive Leptin and Early-Onset Extreme Obesity. *The New England Journal of Medicine,* (372). https://doi.org/10.1056/NEJMoa1406653.
58. Wolf, C. (2013). Wie wenn ich ein Zombie wäre? dasGehirn.info – Der Kosmos im Kopf. https://www.dasgehirn.info/denken/bewusstsein/wie-wenn-ich-ein-zombie-waere. Zugegriffen: 25. Februar 2025.
59. Wollgast, J. und Anklam, E. (2000). Review on polyphenols in Theobroma cacao: changes in composition during the manufacture of chocolate and methodology for identification and quantification. *Food Research International,* (33 (6), 423–447). https://doi.org/10.1016/S0963-9969(00)00068-5.
60. Xiang, X. et al. (2023). Potenzial for host-symbiont communication via neurotransmitters and neuromodulators in an aneural animal, the marine sponge Amphimedon queenslandica.Front. *Neural Circuits,* (17:1250694). https://doi.org/10.3389/fncir.2023.1250694.

61. Young-A, L. und Yukiori, G. (2015). Prefrontal cortical dopamine from an evolutionary perspective. *Neurosci Bull,* (31(2): 164–174). https://doi.org/10.1007/s12264-014-1499-z.
62. Young, S. N. (2013). Acute tryptophan depletion in humans: a review of theoretical, practical and ethical aspects. *J Psychiatry Neurosci,* (38(5):294–305). https://doi.org/10.1503/jpn.120209.
63. Zugravu, C. und Otelea, M. R. (2019). Dark Chocolate: To Eat or Not To Eat? a Review. *Journal of AOAC International,* (102(5), 1388–1306). https://doi.org/10.5740/jaoacint.19-0132.

GPSR Compliance

The European Union's (EU) General Product Safety Regulation (GPSR) is a set of rules that requires consumer products to be safe and our obligations to ensure this.

If you have any concerns about our products, you can contact us on ProductSafety@springernature.com

In case Publisher is established outside the EU, the EU authorized representative is:

Springer Nature Customer Service Center GmbH
Europaplatz 3
69115 Heidelberg, Germany

Batch number: 08719428

Printed by Printforce, the Netherlands